男孩全书

男孩优秀全书

[英] 马丁·奥利弗 著
桂小黎 译

NANHAI
YOUXIU QUANSHU

GUANGXI NORMAL UNIVERSITY PRESS
广西师范大学出版社
·桂林·

出版统筹：施东毅
品牌总监：耿　磊
选题策划：陈显英
责任编辑：李茂军
助理编辑：刘丹亭　王芝楠
美术编辑：卜翠红
营销编辑：杜文心　钟小文
版权联络：郭晓晨
责任技编：李春林

图书在版编目（CIP）数据

男孩优秀全书 /（英）马丁·奥利弗著；桂小黎译．—2 版．—桂林：广西师范大学出版社，2017.10（2018.11 重印）
（男孩全书）
书名原文: THE BOYS' BOOK 2: How to be the Best at Everything Again
ISBN 978-7-5598-0244-6

Ⅰ．①男…　Ⅱ．①马…②桂…　Ⅲ．①男性—生活—知识—少儿读物　Ⅳ．①Z228.5

中国版本图书馆 CIP 数据核字（2017）第 216272 号

广西师范大学出版社出版发行
（广西桂林市五里店路 9 号　邮政编码：541004
网址：http://www.bbtpress.com）
出版人：张艺兵
全国新华书店经销
保定市中画美凯印刷有限公司印刷
（河北省保定市西三环 1566 号　邮政编码：071000）
开本：880 mm × 1 240 mm　1/32
印张：4　　　字数：83 千字
2017 年 10 月第 2 版　　2018 年 11 月第 4 次印刷
定价：24.00 元

读者须知

对于本书信息造成的任何意外伤害，出版商及作者概不负责。

理智地学习书中内容，注意安全。

确保有大人在身边进行指导，做好防护措施。时刻穿戴护具，不要违反当地法律规定，并考虑他人的感受。

CONTENTS

目 录

如何弹奏“空气吉他”

你必须配合以适当的神态，从头到脚摆出“摇滚天王”的架势。可惜的是，你还没能攒够钱买一把具有震撼音效的吉他。不过别担心，有一种吉他人人都玩得起，那就是“空气吉他”。下面我们就教会你如何弹奏“空气吉他”。

掌握基本技能

1 抓住“空气吉他”。将背带绕在颈部，调整好高度，以便舒适地弹奏。在镜子前多摆几个造型，看看自己到底喜欢怎样摆放吉他，是摆得高一点，和臀部齐平；还是低一点，和大腿齐平。

2 练习拨动琴弦。这对于所有空气吉他手来说都是关键的一步。如果你惯用右手，就可以通过上下移动右手来拨动“琴弦”，手掌向内正对身体。如果想要变换姿势，你可以假装自己手里拿着一个“琴拨”，也就是一个用于拨动单个琴弦的小型三角形工具。

3 接下来练习和弦，即同时弹奏几个音符。这时，你要用左手的至少两根手指紧紧压住吉他的“琴颈”。进行封闭和弦时，手指放到“琴颈”下方；进行开放和弦时，手指放到“琴颈”上方。

4 选择合适的乐曲。你要选择一首吉他独奏部分足够长的乐曲，这样才能展示你的高超技艺。多听几遍乐曲，确保对旋律烂熟于心。伴随着音乐，双手在“琴颈”位置上下来回弹奏。

5 开始摆动全身，从头部到肩膀到胯部再到臀部，做到全身心投入。

升级版“空气吉他”

现在的你应该越来越自信了，这时就可以挑战一些幅度更大的动作了。千万不要害羞。记住了，动作幅度越大，整体效果越好。尝试着跳起来，或劈开双腿，或将“吉他”高举过头顶或置于背后弹奏。你甚至可以考虑在表演结束时上演摔吉他的“好戏”。

成为“摇滚之神”

合适的服装会提升整体表演效果。观察并模仿你的偶像在电视节目中的穿着打扮。穿上破洞牛仔裤，扎上头巾（简单地用一条手帕扎在额头上就可以了），再戴上一副墨镜，你就可以成为那个弹奏“空气吉他”的传奇了。

如何庆祝进球得分

怎样庆祝进球才更酷？其实很简单，只要在进球后加上一个特别的庆祝方式就可以了。想取得震撼的庆祝效果的秘诀在于充分发挥想象力，并提前计划好一切。

该做些什么

下面的庆祝方式很简单，值得一试：

1 在大型比赛之前，买一支标记笔。

2 翻出一件旧的白 T 恤或背心，在上面简单写几个字，

如“你好，妈妈”“小贝克汉姆”或者“教练，下周比赛选我吧？”，等笔迹干了之后，把衣服和其他装备收拾好，带去赛场。

3 等到更衣室没人的时候，赶紧把 T 恤或背心穿在足球服里面。

4 接着来到赛场一展风采。进球后立刻跑到角旗处，或者跑到你最想见的那个人面前，把你的球服撩到头顶，这样你衣服上的标语就会一览无余。张开双臂在全场奔跑，直到你的队友们赶上你，并向你表示祝贺。

谨记： 千万不要撞到球场上的栅栏，那样就有损你的形象了。也不要只庆祝自己进球，而对队友置之不顾，因为这样会引起队友们的不满。

想更有创意？

- 形成标志性的庆祝方式。想一个专属于自己的独特庆祝方式，有的人喜欢像风车一样转动手臂，有的人喜欢像飞机一样张开双臂。有一位巴西球星一定是一位好爸爸，因为他喜欢在进球后做出双手摇摇篮的动作。还有一位球员喜欢脱掉裤子露出超人底裤。另外，还有人喜欢以后空翻和翻跟头的形式庆祝进球。
- 使用道具，大胆地使用道具。有的球员会戴面具甚至吸奶嘴。只要你能带进球场，不被裁判制止，什么样的道具你都可以尝试。

如何搭帐篷

没有什么比在野外跋涉后钻进自己搭建的帐篷躲雨更加惬意的了。下面我们将给出专业的建议，帮助你成功搭建帐篷。

最适合搭帐篷的地点

- 在天黑前寻找一个适合的地方搭帐篷。如果你选择的地点不允许私自扎营，一定要提前获得允许。
- 不要在山谷或水沟搭帐篷。如果下雨了，你的帐篷就会进水。
- 选择避风处搭帐篷。千万不要在空旷的场所或山顶搭帐篷，不然你的帐篷很有可能被大风吹走！
- 尽量选择地势平坦的地方搭帐篷。如果只能在斜坡上扎营，一定要确保睡觉时头部高于脚部。
- 留心周围有无野兽或昆虫的痕迹。千万别在蚁穴附近扎营，小心触发蚂蚁总动员。

搭帐篷

帐篷的种类很多，有的帐篷可以独立支撑，有的则需要杆子和外帐的支持。因此，你必须在出发之前先在公园里试着搭个帐篷，练练手。熟悉了怎样搭帐篷之后，你就可以在野外迅速扎营，安心度过长夜了。

如何搭帐篷

先在地面上均匀地铺开防潮的内帐布。接着用橡皮锤把金属杆穿入帐篷的营筒内。如果你还有单独的内帐布，可以在帐篷内卷起来，确保防水。

帐篷立起来的时候，用地钉固定住拉绳，这样你的帐篷才能保持紧绷（拉绳指的是帐篷外面的绳子）。打地钉的时候，保持钉子向外呈 45 度角，拉绳应与地钉保持 90 度角。

如果马上要下雨了，就稍微将绳索松开一点，以免骤雨导致地钉松动或帐篷某些部件受损。

拆帐篷

收帐篷，也就是所谓的“拆帐篷”。永远记住要先收内帐布，将贴近地面的一面留在外面，方便风干并清理沾上的泥土和野草。

一个一个地拔出地钉。如果扎得太深，可以抓住地钉左右摇晃，松动后再拔出来。

把帐篷擦干后再装包带走。如果时间来不及只能湿着收起来时，一定要尽快拿出来晾干，否则帐篷会烂掉。

回家之前一定要检查一下，确保收齐了帐篷的所有部件。

警告：在露营之前，一定要把你的目的地告诉身边的大人。随身携带手机，确保大人可以随时联系到你。

如何玩七巧板

七巧板是一种益智游戏，发源于古代的中国。

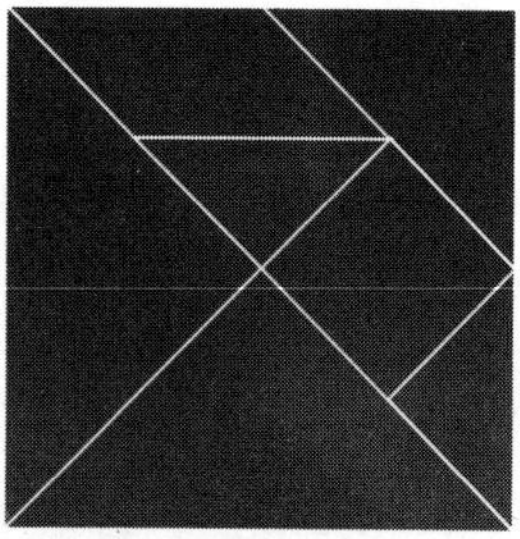

你需要将一块正方形的厚纸卡剪成图示的 7 个部分。

玩七巧板的目的是将正方形的 7 个部分进行重组，构成各种形象。奇妙之处在于仅用 7 个部分就能重组出各种各样的形象。

首先，你可以利用这些部分组成如图所示的各种形象。做完这一步之后，再开动脑筋拼凑其他形象。

晒日光浴的小兔子

在花园里休息的人

擦车的人

如何煮鸡蛋

本节将教会你如何迅速煮出美味的鸡蛋。学成之后，你可以为父母做吐司加鸡蛋早餐，也就可以顺理成章地多要零花钱了。

准备工作

提前 20 分钟将鸡蛋从冰箱中取出，如果你将冰箱里的鸡蛋取出后立即下锅，鸡蛋很有可能会煮裂。

如果你忘了提前取出鸡蛋或者赶时间的话，就用温水冲洗鸡蛋 1 分钟。

不要选择过于新鲜的鸡蛋下锅，不然煮熟后不好剥壳。建议选用产下 5 天左右的鸡蛋。

找一个大小合适的平底锅煮鸡蛋。如果锅底太大，鸡蛋就有可能会相互碰撞或滚到锅底的一边。

具体步骤

1 在平底锅中倒入冷水，并煮沸。

2 在每个鸡蛋上戳一个小孔，这些小孔有利于排出蒸汽，防止鸡蛋煮裂。

3 将鸡蛋放在勺子上，轻轻放入平底锅里。

4 减小火力，用文火“炖”鸡蛋。

5 定好时间。依据你和家人的口味确定煮鸡蛋的时长。

确定时长：如果鸡蛋个头适中，那么煮 3 分钟即可，此时蛋黄还未凝固，味道鲜美。如果鸡蛋个头较大，那么需要煮 5 分钟，此时蛋黄仍可流动，再煮 2 分钟的话蛋黄就差不多开始凝固了。

6 时间到了之后，用勺子小心地盛起鸡蛋，把鸡蛋较圆的一头向下放入蛋杯中。

如何在大海中求生

设想一下，你正在海上乘风破浪的时候突然遇上了沉船事故，原本温柔宁静的海洋在转瞬之间成为阴沉可怕的深渊。要想存活下来，你必须使用技巧，施展耐力，并祈祷老天眷顾。请谨记以下几点：

待在甲板上

发生事故后，待在船上可能要比待在救生筏里更安全，所以不要急着弃船。即使船体受损，也要尽量选择待在甲板上。因为船体越大，被救援人员发现的可能性就越大，并可以为你遮风挡雨。

求生必备品

如果因为沉船而必须弃船，请确保你的救生筏上配有必备的求生包，其中包括一台短波收音机、GPS 接收器（即可以确定你在海洋中所处位置的全球定位系统接收器）、指南针、小刀、可以自己点亮的照明弹、防水手表、保暖用的毯子、装在防水装置中的火柴、急救工具箱和一些干燥的食物。最重要的是筏上必须有淡水，足量、干净的淡水能够延长你生存的时间。

谨记： 无论你有多渴，都要克制住喝海水的冲动。海水中的盐分是血液中盐分的3倍，人类的身体无法负荷。喝海水只会让你更加口渴难耐。

另外，你要吃点东西。你的救生筏上应该装有食物，万一吃完了，也不要惊慌。海洋里最不缺的就是鱼类，甚至还会有飞鱼自动跳到你的救生筏上。如果你没有鱼竿，可以利用电线或铝罐头自制渔线和鱼钩。

你可以生吃海鱼。别忘了鱼眼也可以吃，虽然有点儿恶心，但鱼眼含有水分。记住不要吃鱼的内脏器官，吃了可能会生病。

保持身体干燥

此时，海水是你的头号大敌。一定要保持身体干燥温暖。如果天气寒冷，你可能会患上“低体温症”（当体温降至正常水平以下时，人们可能患上的一种疾病），很快就会有生命危险。如果天气炎热，海水和烈日会损伤你的皮肤，引发水疱和其他

感染症。

如果你的救生筏上有雨篷，一定要打开。找一些毯子和床单罩在上面，来抵挡海浪和烈日，否则持续的暴晒和海水的侵蚀会缩短你生存的时间。

是走还是留?

即使你知道自己所处的位置，也不要企图自行划向陆地。海浪和激流可能会让你距离目的地越来越远，你仅有的精力也被白白消耗掉了。

如果你的船在沉没之前可以发出求救信号，你就应该尽量在发出信号的原地等待，方便救援人员找到你。

信号求生

对于求生者来说，想要在一望无际的大海中被人发现并不容易。因此，你要时刻准备好向来往的船只或飞机发出求救信号。事先搞清楚如何使用照明弹和短波收音机，以便于在发生紧急情况时迅速发出求救信号。

如果你没有上述设备，可以用镜子反射光线、吹口哨或点燃火炬等方式引起救援人员的注意。实在没办法，还可以挥动色彩鲜艳的物品引起对方注意。

警告：在出海之前，一定要把你的航线和目的地告诉身边的人。这样一来，万一你没有到达目的地，别人就知道该去哪里找你了。

如何制作“可乐冰激凌”

你喜欢吃冰激凌吗？你喜欢喝可乐吗？接下来我们就教你如何拥有可乐加冰激凌的双重享受。

你需要用到以下物品：

- 可乐、巧克力冰激凌、一把勺子、一根吸管、一只冰镇杯。

具体步骤：

1 将杯子的外部用冷水浇湿，然后直接放入冰箱中。15 分钟后，杯子外层就会结上一层薄冰。

2 把杯子从冰箱里取出来，加入两勺巧克力冰激凌。

3 在杯子里缓缓倒入可乐，可乐会发出“嘶嘶”的声音并慢慢溢出，所以倒的时候要慢一些。当泡沫就要溢出杯子时，用食指戳破杯口的泡沫。

4 拿起勺子享受美味吧，再插上吸管，就可以喝到杯底的可乐了。

如何自制小火箭

想要成为造火箭的科学家吗？利用身边的物品就可以帮助你实现这一梦想。

你需要用到以下物品：

- 一些水。
- 一包可产生泡沫且可溶解的阿司匹林。
- 一只空的且有盖的、厚度为 35 毫米的胶卷暗盒（可以向照片冲洗店要多余的胶卷暗盒）。

具体步骤

在胶卷暗盒里倒入 1/4 的水。过多的水会增加“火箭”的重量，使其很难“升空”。多做几次试验，确定合适的注水量。

发射完的“火箭”通常会四分五裂，留下一堆“残骸”，所以请在室外进行“升空”试验。

在胶卷暗盒里放入一片阿司匹林，并迅速盖紧盖子，将其有盖的一头向下放在地面上。

站到远处，静静等候“火箭”升空。

谨记：等待时不要站在“火箭”旁，以防“火星”蹿到身上。

如何保管掉落的牙齿

当你或你的朋友因为踢足球、打橄榄球或其他意外碰撞导致牙齿脱落时，不要慌张。下面我们将教你如何保存脱落的牙齿，直至牙医为你重新装牙。你很快就又能自信地微笑了。

1 找到脱落的牙齿！不要触碰牙根，用手捏住牙釉质的部分，即坚硬的白色外层部分。

2 赶紧回家。彻底清洁牙齿，用牛奶（不能用自来水）冲洗掉牙齿上面的污垢、泥土或其他东西。

3 把牙齿放进一个干净且有盖的塑料容器中，在容器中倒入牛奶，确保牙齿完全浸没在牛奶中。

4 赶紧带着牙齿去看牙医（在事发后 3 小时内）。如果你能做到以上几点，就有 50% 的可能性重新将这颗牙齿装上。

如何完美地后空翻

比起侧手翻，后空翻这项技能更加令人印象深刻。不过掌握后空翻需要更多的技巧和练习。后空翻的起始动作和侧手翻的动作一样，但在翻身时需要双脚离地，落地时，面部要和起跳时面对同一方向。

请按照以下步骤练习完美的后空翻，注意练习须在体操垫上进行。

1 如果你惯用右手，就先迈出右腿（如果惯用左手，就先迈出左腿），如下图所示伸展双臂过头顶。

2 向前做弓步，将双手一前一后地撑在体操垫上（动作与做侧手翻类似）。双脚一前一后离地，在头顶上方竖直立起并保持一小会儿。

谨记：在双脚落地的瞬间，微微弯曲膝盖，以此减少冲击力。落地时如果发觉自己站不稳，就再向前跳一步（而不是往前迈一步），别人就会认为这一步也是你表演后空翻的一部分。

3 双腿下落时旋转身体。

4 落地时，面部应和起跳时面对同一方向。这样，一个后空翻的动作就完成了。

如何逃离失火的房子

房屋失火虽不常发生，但一旦发生后果不堪设想。你要确保所有家庭成员都知道如何应对这种紧急情况，请记住以下几点：

预防工作

亲自管理家中的防火事宜。确保家里安装了烟雾警报器（每一层至少应安装一个警报器），至少每周检查一次警报器的电池是否有电。千万不要让家人以任何理由“借走”警报器里的电池。

失火了！

一旦发现屋内有烟雾，就立即召集全家人迅速撤离屋内。不要想着带什么贵重物品，东西可以拿钱买，但是生命无价。

在开门逃生之前，先用手背试探一下门的温度。如果门没有发烫，就可以安全通过。还可以侧过脸，开一道门缝确定一下门外的情况。

当烟雾弥漫时，靠近地面的空气会比较清洁，利于呼吸。因此，此时应该伏在地上爬到出口。

走出去之后把门关上。这样做可以保证在至少 10 分钟内将火势控制在屋内。

当门已经开始发烫时，你就要另选出路了。在搞清楚怎样打开窗子后，你也可以爬窗逃生。如果一时打不开，需要砸窗的话，记得用被单、毛巾或枕头盖住破碎的玻璃边缘，并用衣物保护好你的双手和手臂。将所有玻璃砸碎，这样在爬窗时就不会被割伤了。

如果你被困在有水源的屋内（浴室或厨房），立即将手边的毛巾、枕巾、窗帘或毯子等用水浸透，塞到门缝处，以阻挡门外的烟雾进入屋内。

尽快拨打火警电话，等待救援人员到来。逃出来后尽量远离屋子，并确保所有家人都已安全逃出。

如何打双套结

双套结是一种非常实用的打结方式，打过双套结的绳索可以牢牢地系在任何物体上。双套结可以用于停泊船只或在攀岩时固定绳索，也可以用于各种日常用途。

下面我们就教你如何用简单几步将绳索系在攀岩用的钢环上。

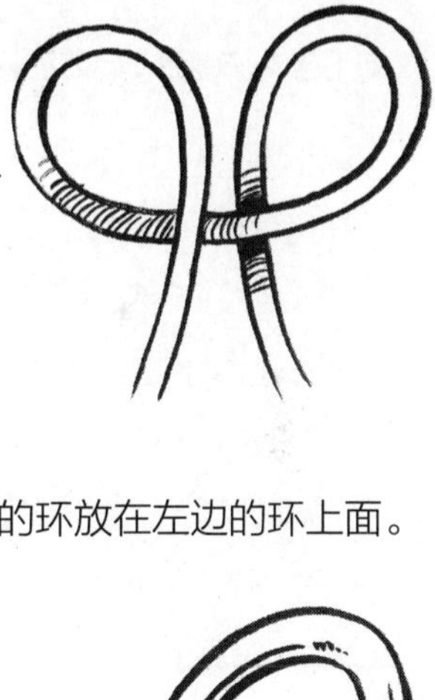

1 如右图所示，用绳索摆出两个一模一样的环形。

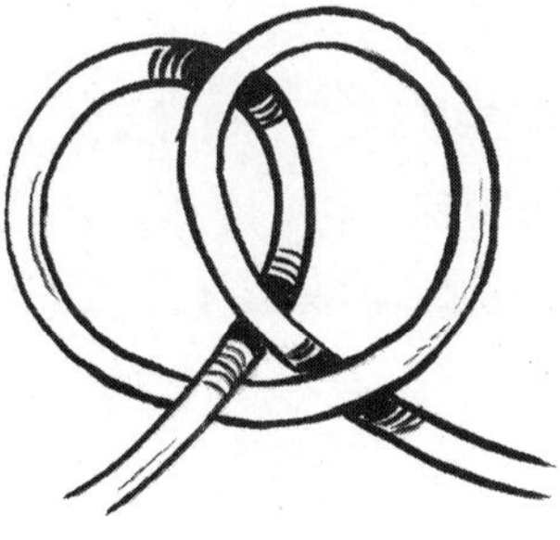

2 将右边的环放在左边的环上面。

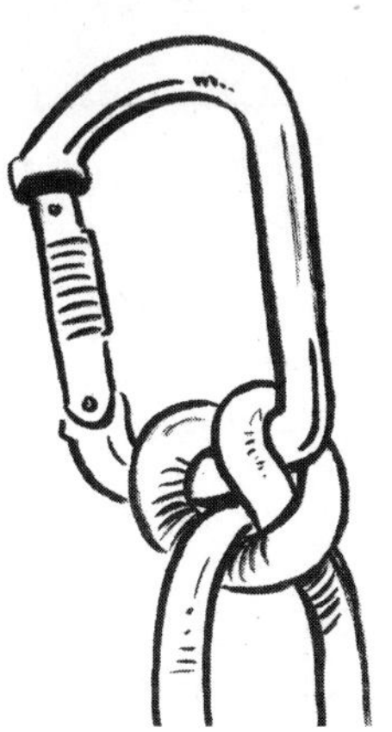

3 打开钢环的接口，将两个环穿进去，朝相反的方向拉绳索以拉紧绳结。

如何准确说出各个国家的首都名称

在地理测试、智力竞赛和常识问答中，经常会出现对国家的首都名的提问。你可以记住以下国家（从 A 到 Z 开头）的首都名，以展示你过人的知识。

澳大利亚：堪培拉

白俄罗斯：明斯克

智利：圣地亚哥

多米尼加共和国：圣多明各

巴布亚新几内亚：莫尔兹比港

埃塞俄比亚：亚的斯亚贝巴

芬兰：赫尔辛基

加纳：阿克拉

海地：太子港

印度尼西亚：雅加达

牙买加：金斯敦

朝鲜：平壤

韩国：首尔

蒙古：乌兰巴托

尼泊尔：加德满都

阿曼：马斯喀特

卡塔尔：多哈

卢旺达：基加利

斯洛文尼亚：卢布尔雅那

坦桑尼亚：达累斯萨拉姆

乌拉圭：蒙得维的亚

越南：河内

威尔士：加的夫

也门：萨那

津巴布韦：哈拉雷

立陶宛：维尔纽斯

如何增强记忆力

我们有时会在历史考试中忘记重大事件的发生时间，或者忘记录自己最喜欢看的电视节目，又或是忘记给自己的宠物买粮食。当发生这些情况时，不要担心。下面我们就教你如何增强记忆力。

熟能生巧

和朋友玩下面这个游戏，在游戏中你的记忆力会不断加强。在你的朋友来之前，选择 20 件物品放在桌上，下面是一些建议的物品：

铅笔、塑料玩具、碟片、马克杯、袜子、鱼竿、盛冰激凌的锥形杯、手机、石头、钥匙、回形针、棒球帽、书本、勺子、苹果、方糖、剪刀、尺子、手表、悠悠球……

现在用一块布把这些东西蒙上。等你的朋友都到了，把布掀开 20 秒，然后再盖上。接着，让你的朋友写下刚才看见的东西，写得最多的人获胜。

记忆技巧

以下是帮助记忆的小技巧：

- 你有没有想过，为什么你能轻易地记住你的球队每场比赛的分数，却记不住古代国王的名字？这是因为你在球队里

感受到了快乐或失望，因而能够牢记球队的得分。所以，我们建议你在记忆信息的时候，加入一些你感兴趣的细节，以此来引起你情感上的共鸣。举个例子，阿尔伯特王子于 1861 年死于伤寒，从此以后他的遗孀维多利亚女王每天都穿着黑色的衣裳，直到她 40 年后逝世。知道了这些事实后，你应该可以更加轻松地记住阿尔伯特王子的死亡时间。

- 将需要记忆的信息描绘为一幅幅心理图像。比如，如果你总是忘记给你的宠物喂食，你就可以想象一下你的小宠物发狂一样地啃着墙角的情境。这一幕一定会时不时地出现在你的脑海，触发你的记忆。
- 押韵且便于记忆的句子可以帮助你增强记忆。

如何玩转悠悠球

在掌握了玩悠悠球的基本动作后，你就可以挑战一些更加高难度的玩法了，比如“劲力旋风”“瞬雷出击”和“天龙卷风”。准备一个质量上乘的悠悠球勤加练习，你就能掌握下列高难度玩法。

劲力旋风

“劲力旋风”这一招式的要领在于尽力控制悠悠球，不要让球反弹回来，而是保持“旋转”状态。

手心向上，抬起手臂，用腕力将悠悠球向下掷出。

悠悠球被掷出后，手保持不动，悠悠球便会在绳头处不断转动，但不会弹回。几秒钟之后，手掌向上轻拉，悠悠球便会自动弹回。

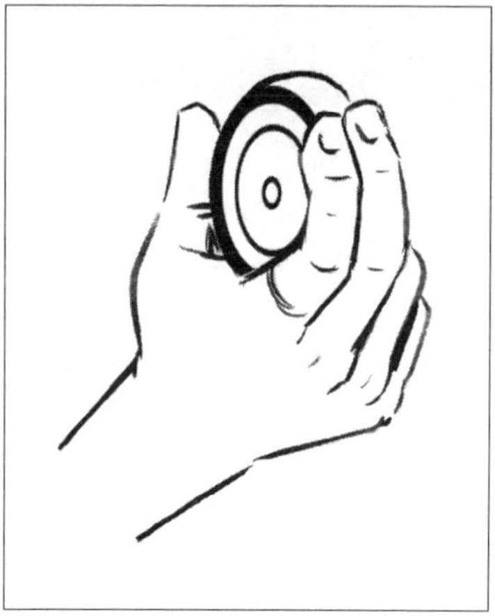

瞬雷出击

手垂直，手掌朝着后上方握住悠悠球，用力将悠悠球向前抛出。当绳子拉直时，悠悠球会自动收回，手掌向上接住。

天龙卷风

先大力使出“劲力旋风”，慢慢让悠悠球接近地面，悠悠球便会向前走。在悠悠球快要接触到地面的时候，就会偏离你的身体方向，这时，手一拉将悠悠球收回。

如何躲避愤怒的公牛

去乡下的时候，注意睁大眼睛，避免和体形硕大、看上去气势汹汹的公牛正面接触。公牛和母牛在一起的时候，通常没什么脾气。万一不巧，你在田里遇到了一头愤怒的“单身”公牛，就按照下文给出的方法做吧。

站着不动

不要靠近公牛，也不要做任何能引起对方注意你的事。虽然很难做到，但我们还是建议你克制住拔腿就跑的冲动。公牛的嗅觉和听觉比人类灵敏，但是视力一般。如果你有动作，会引起它的注意。

保证公牛一直出现在你的视线里，如果它自己走了或似乎对你不感兴趣了，这时你就可以慢慢转身离开。

赶紧逃命吧！

如果时机不巧，这头公牛已经向你奔来，这时你就该撒开腿逃命了。公牛的速度很快，能够轻易追上人类。因此，你要做的就是找附近的建筑物做掩护，或躲在牢固的大门、栅栏后。

当公牛朝你狂奔而来时，你要尽一切可能分散它的注意力。脱下你的外套在空中甩动，以此来吸引它的注意力。接着，在公牛快要赶上你之前，用力把衣服甩开。一般来说，这时公牛就会把目标放在那件衣服上了，而不会继续追你。就这样把身上的衣服一件一件甩出去，直到进入安全地带。

谨记：不要因为穿了红色的衣服而感到惊慌，公牛对红色的敏感度并不高于其他颜色。

警告：千万不要在有牛群的田野里遛狗。所有的牛，特别是公牛，都特别讨厌狗，所以很容易在看到狗的时候发狂。

如何旋开卡紧的瓶盖

在亲朋好友面前露一手，让他们见识一下你是如何旋开卡紧的瓶盖的。

利用热水

如果瓶盖是金属质地的，可以用热水浇瓶盖 20 秒钟（注意不要烫伤自己）。或者在盆里盛满热水，将瓶子头朝下浸在水里，这样热水就能完全浸没盖子了。千万不要使用沸水，以防瓶身炸裂。

用毛巾擦干瓶盖。戴上橡胶手套（帮助你抓牢瓶身），扭开盖子。

屡试不爽的办法

如果盖子还是打不开，可以将瓶子倒过来，用瓶盖在坚硬的表面上撞击。重复几次，再试一下，瓶盖就能轻松打开了。

谨记：所有的螺纹盖子都是逆时针旋转才能打开的。

如何成为训狗高手

毫无疑问，与训练成年狗相比，训练和提高小狗的服从性则容易得多。当你有幸得到一只毛茸茸的小狗时，一个绝佳的训狗机会就出现了。你要多在它的身上下功夫，你的辛苦不会白费，等到小狗长大后大家就知道谁是真正的训狗高手了。

训练小狗躺下

1 用手抓住小狗的项圈，让它坐在你面前。手里拿一块狗粮，并让小狗看见。

2 将手中的狗粮放到地面上，这样小狗在盯着食物看的时候就必须伏下身体。抓住小狗的项圈，以防它一口吃掉食物。

3 在小狗开始往下趴的时候，说出清晰的指令“躺下”。

4 如果小狗不怎么听话，就轻轻抬起它的前爪鼓励它伏下身体。不要忘了一边发出“躺下”的指令一边做这个动作。

5 当小狗成功地躺下来后，奖励食物给它。

6 重复上述训练，但当小狗成功躺下后，将食物奖励换成摸耳朵、挠脖子或其他爱抚的动作。

听话的小狗！

- **简短而有趣的训练。**保证每次训练都是简短而有趣的，这样你的小狗也会乐在其中。
- **简洁的口令。**对小狗发出的指令必须是清晰明了的，毕竟幼崽的能力有限，无法理解复杂的口令。一次次地重复口令，确保小狗熟记口令。
- **不能出尔反尔。**你摇摆不定的意志会让你的小狗一头雾水。比如，如果你确定不允许小狗上楼和你在床上一起睡觉，就要和它讲清楚，让它知道永远都不能上床睡觉！
- **怎样训练出听话的小狗。**放宽心态，大方地给予小狗精神鼓励和实物奖励。让小狗知道你无法容忍哪些行为，但不要发火。记得当小狗表现出色时，要多多给予拥抱作为奖励。

如何挽救被发型师毁掉的发型

谁一生中没有碰上过几个审美异常或技术不过关的发型师呢？经过他们之手的发型，让你的形象一下子从“王子”变为“青蛙”。出现这种情况时，不要着急，参考以下做法挽救你的发型。

- **洗个澡。**再糟糕的发型在经过洗发和吹干后都会变得稍微好看一点儿。即使没变好看，至少脖子不会被碎头发扎得发痒。尽量挽救一点总比什么都不做要好。
- **寻求专业人士的帮助。**去其他理发师那里寻求帮助，看能否有所改善。
- **直接上大招。**直接将你的一头杂草剪成平头，不过事先要问问你妈妈是否同意你剪这个发型。递把大剪刀给你信得过的人，让他帮你剪成平头，这个发型不会显得乱蓬蓬的。不过，要是冬天的话，你露在外面的耳朵可能要挨冻了，但至少你看上去干净利落了不少，也省了一笔买发胶的费用。
- **戴帽子遮住。**发型一毁，你就有理由让爸爸妈妈帮你买那顶你日思夜想的棒球帽了。但是记住，帽子不能老是戴着，要时不时取下来，否则你会发现自己的发型被帽子压得更加难看。

如何骑骆驼

骆驼在西欧和美国不算罕见，但在世界上其他一些地方，数百年来，骆驼唯一的用途就是载货或载人。

骆驼步子迈得大，背部宽大，骑上去不仅速度快而且柔软舒适。骆驼的时速可达到每小时 60 千米。骑骆驼比赛在中东地区和澳大利亚非常流行。

如果你有机会坐在这些长着一个驼峰或两个驼峰的动物身上，请记住以下几点。

选择被驯化过的骆驼

除非你想进医院，否则不要选择没有被驯化的骆驼。你应该选择被驯化过的骆驼，并在训练者的指导下骑骆驼。

确保骆驼身上的毛被修剪和清理过，不会藏有粗糙的硬毛和硌人的沙砾。用草耙对还未处理的骆驼进行清理。

用皮带固定住鞍座，这样鞍座就可以随着骆驼的步伐灵活地上下起伏而不会滑落。请骆驼的训练者检查鞍座是否牢固，以免在上去的时候不慎掉下来。

骑上骆驼

在没有高台的情况下，骆驼要跪下或坐下你才能爬上去。请训练骆驼的人将一只脚搭在骆驼的前腿上，确保在你还没骑

上骆驼之前，骆驼不会擅自站起来。

你的一只脚踩在马镫上，将另一只脚跨过马鞍。动作自信一点儿，让骆驼感觉到你不是在做样子。

在马鞍上坐稳，准备好就可以让骆驼站起来了。身子向后靠，因为骆驼起身时是先立起后腿的。接着，当骆驼立起前腿时，再将身子向前靠。

掌握方向

骑马和骑骆驼一样，人们都是用缰绳控制前进的方向的。但和骑马不同的是，人们通常在骆驼的鼻子里穿一根木钉，再套上缰绳。因此，骑骆驼时不要用力拉缰绳以免弄痛或惹恼骆驼，毕竟谁也不想坐在一头怒气冲冲的骆驼身上。

想要右转的时候，右手轻轻拉动缰绳。想要左转时，左手拉动缰绳。如果骆驼前进的方向没有问题，就放松手里的缰绳，不停地拉动缰绳只会让骆驼搞不清往哪里走。

请训练骆驼的人系一根控缰，这样你可以一边让训练者帮你牵引骆驼，一边自己学习如何控制骆驼。

适应骆驼摇摆的步伐

坐在行走的骆驼身上晃晃悠悠是一种非常舒适的体验。和马在行走时不同的是，骆驼在行走的时候会同时迈出同一侧的双脚，走路的时候会左右摇摆。因此，当你坐在骆驼身上时，要和它摆动的方向保持一致，不然你会发现自己根本无法在鞍座上坐稳。

谨记： 骑骆驼时不要紧张，应该情绪放松，享受整个过程，这样你的骆驼才会更好地配合你。

从骆驼身上下来

行程结束后，骆驼会跪下双腿，这样你就可以下来了。请训练骆驼的人轻轻拉动控缰，并用木杆轻轻拍打骆驼的前腿。同时，你要发出指令“koosh”，在骆驼的语言里就是“坐下”的意思。这样你的骆驼就会乖乖坐下了。

当骆驼坐下时，你就可以下来了。一只脚踩在马镫上，另一只脚从骆驼背上跨过，然后跳下来。

记住下来后拍拍骆驼的脑袋，对它的耐心合作表示感谢。

如何成为伪装大师

无论是跟踪他人还是甩开跟踪者，伪装术都是一项实用的技能。

巧妙的伪装术能够让你自由行动而不被他人发现，其要领在于尽量让自己变得不起眼。越不起眼，别人就越不会注意到你，伪装的成功率就越高。

准备工作

仔细考虑伪装时会用到哪些道具，并确定你的背包能不能装得下这些东西。不要等到用的时候才发现缺了这个又少了那个。

你的背包里应该备有如下道具：

两面穿的夹克或上衣、帽子、眼镜或太阳镜、梳子、发胶、松垮的衣服、棉球、粘贴式的纹身、假鼻子、假发（你可以在当地卖舞台服装的店里买到，假发的颜色和发型一定要与你原本的发色、发型不同）。

改变身形

如果你本人比较瘦，可以将自己伪装成壮实一点儿的身材。多穿几件衣服，这样也会改变你走路的姿态。嘴里含上一些棉球会彻底改变你的面貌，但千万不要吞下去，以免噎到自己。

如果你的个子不高，就通过伪装让自己看起来高一点儿。放弃平底鞋，穿上带跟的鞋子，把头发向上梳，并挺直背部。同理，你也可以弓着背，改变自己背影的形象。

改变走路的姿势

如果可以，让你的朋友录下你走路的姿势，这样你就可以分析你在别人眼中的形象了。仔细琢磨你的走路姿势，看看能做什么样的改变。

如果你走起路来总是步履轻盈，看上去精力旺盛，就可以考虑将步伐放慢，看上去显得步履沉重。

如果你走起路来本身就慢吞吞的，这时就应该练习加快步伐。试着用脚尖走路或走路时身体向前倾。请你的朋友再录下你新的走路姿势，看看和之前比有什么不同。注意，要点在于改变，你甚至可以装出走路一瘸一拐的样子。

改变说话的方式

你和他人说话与互动的方式通常会让别人看穿你。试着从小处改变，比如改变说话的声音、减慢说话的速度或压低说话的嗓音。不要轻易尝试捏着嗓子说话，一旦笑场就前功尽弃了！

关键要自信

无论你作何伪装，关键的一点就是要表现得大方自信。任何不自然或扭捏的表现都有可能出卖你，引起他人的怀疑。

如何像詹姆斯·邦德那样打领结

詹姆斯·邦德凭借过人的绝技、各种高科技武器和与众不同的跑车征服了银幕，他戴领结的帅气模样也同样深入人心。像他那样打上领结后，你会觉得自己和“007”一样变得战无不胜。请按照以下步骤打一个完美的领结。

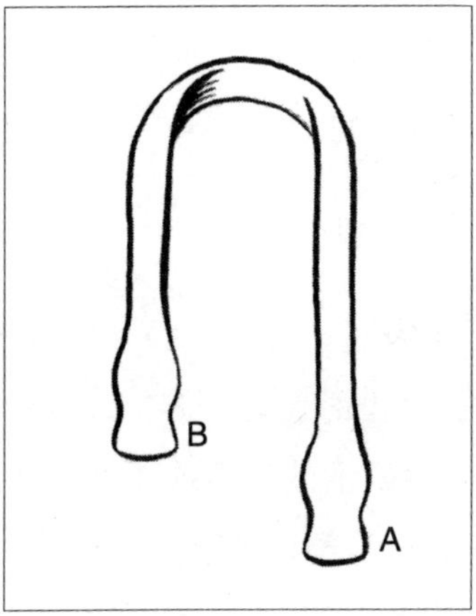

1 将领结绕在脖子上，一端（A端）稍长于另一端（B端）。

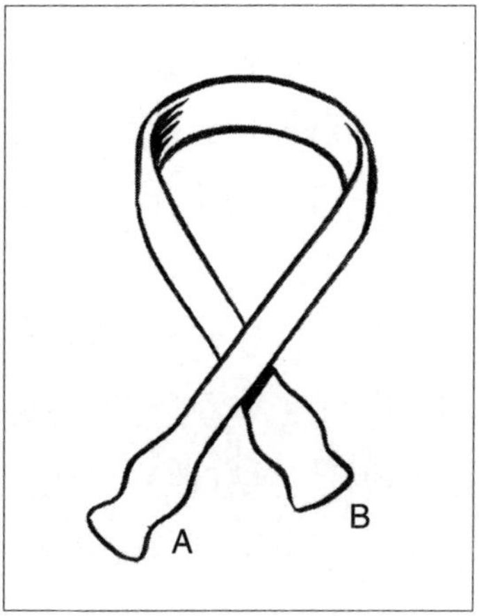

2 将A端与B端交叉。

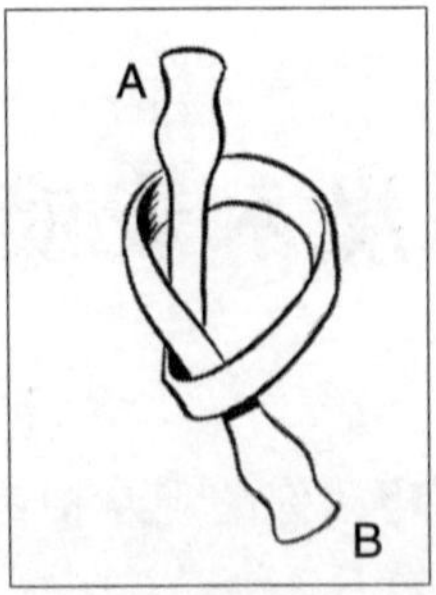

3 如图所示，将A端塞到B端下方，向上拉至下巴。

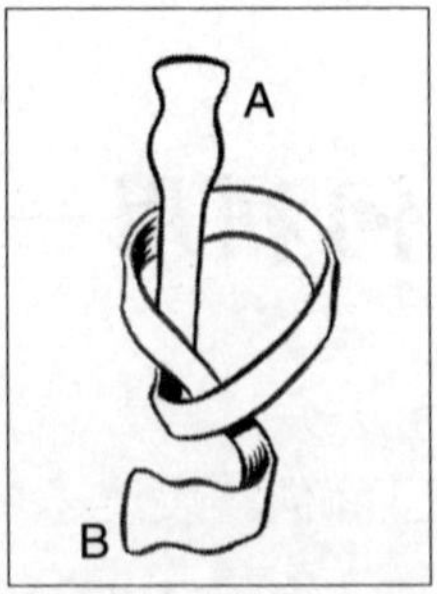

4 将B端绕成一个圈。

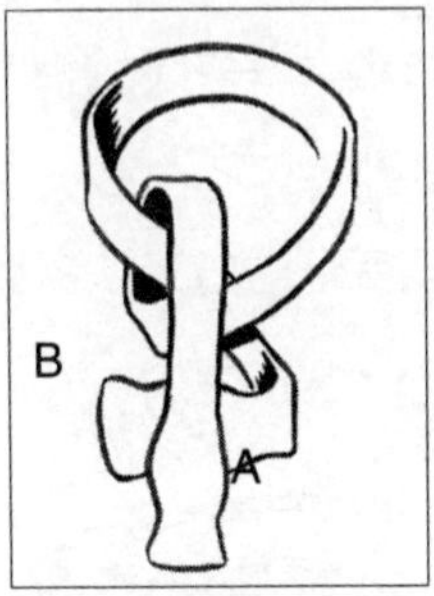

5 用一根手指固定住这个圈，将A端套进去。

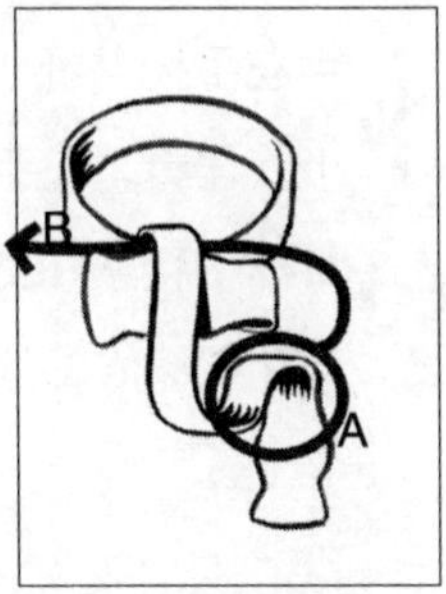

6 接着如上图所示，将A端重叠并从领结后面的圈里塞进去。

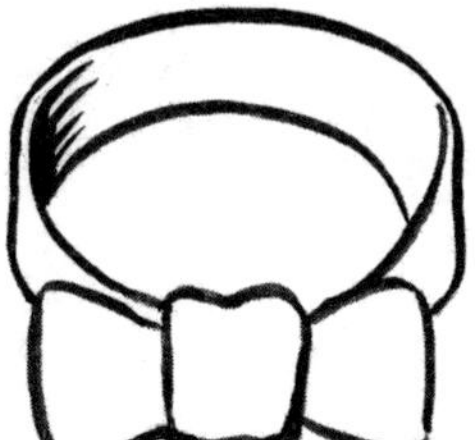

7 最后，调整两端的长度并拉紧，一个完美的领结就出现了。

如何利用一杯咖啡进行魔术表演

下面你将表演一个魔术，利用一个小技巧让你的观众相信你有一杯神奇的“无底”咖啡。

你需要用到以下物品：

一杯满满的咖啡和一只茶托、两块方糖。

具体步骤

1 用左手托着杯子和茶托，右手拿一块方糖，并展示给你的小伙伴看，左手在茶托下方藏一块方糖。

2 将杯子和茶托微微侧向你的小伙伴，以保证对方无法看到藏在茶托底部的方糖。

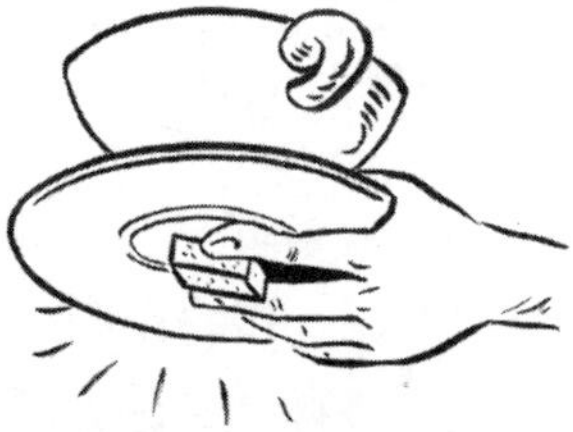

3 放开右手拿着的方糖，在方糖掉落到杯子底部的瞬间放开左手藏着的方糖，让其自由下落。

这个魔术的关键在于掌握好左手放糖的时机，你要多多练习，让你的观众相信你的咖啡杯是没有杯底的。

如何挥鞭

看过西部牛仔片或电影《夺宝奇兵》的你肯定对主演们帅气挥鞭的动作印象深刻。现在我们就教你如何挥鞭子。

先准备一根鞭子

- 主要有 4 种鞭子可供你选择：长牛鞭、信号鞭、蛇鳞长鞭和短柄长鞭。
- 鞭子的末端被磨损是在挥舞鞭子时发出响声的原因。因此，你应选择末端有磨损的鞭子。
- 有的鞭子可能长达 8 米，但为了发出挥舞鞭子的声音，最好选用长度较短的鞭子，大概 1.5 米长就可以了。确保你能够将鞭子舒服地握在手里，并能够灵活掌控。
- 如果你一时找不到鞭子，可以将约 2 米长的晾衣绳牢牢地系在竹条上，在未扎紧的末端打一个结。这样就可以练习挥鞭子了，但是很遗憾，这样的鞭子挥舞起来不会和真的鞭子一样发出清脆的响声。

穿戴好保护装置

学习挥舞鞭子不是件轻松的事，一不小心就会伤到自己。因此，要戴上太阳镜保护你的眼睛，再穿上牛仔外套和长裤，手套也是必不可少的。

警告： 选择周边没有人、动物或其他障碍物的地方进行练习，千万不要打到任何人或动物的身上。

用比较有力的那只手紧紧抓住鞭子。将鞭子的另一端垂在地上，沿直线倒着走，保证鞭子处于你的前方。关键在于鞭子要伸直，不然你很有可能把鞭子甩到自己的腿上。

练习旋转式地挥舞鞭子

先将拿鞭子的手自然地垂下，然后弯曲肘部，将手抬起高于肩膀。此时，你的手应该保持和头部齐平，手掌面向耳朵。肘部向上伸直，转动鞭子。整个动作应一气呵成，不能断断续续。

只要你的姿势正确且速度够快，就可以将鞭子在头顶上整个挥舞起来。这时，放下胳膊再练习一次。

练习发出声响地甩鞭子

在熟悉了挥动鞭子的方式后，可以开始练习发出声响地甩鞭子了。在开始甩鞭子之前，持鞭子的手的对侧腿向前走一步，同时将持鞭子的手抬起至耳部。用类似钉钉子的动作迅速挥动手腕，鞭子随即向前甩出。

挥动手臂，直至鞭子伸直，和地面水平。鞭子不能放得太低，否则会打到地上。在这个过程中你会听到挥动鞭子特有的帅气清脆的声响。

如何食用木蠹蛾幼虫

木蠹蛾幼虫是一种非常美味的蛾类幼虫，是澳大利亚沙漠地区一种主要的昆虫菜肴，还曾是当地土著的主食。

下面我们就教你如何食用木蠹蛾幼虫。

- **生吃。**将扭动的幼虫放到嘴里，一口咬住它的脖子，然后尽快大口嚼着吃。木蠹蛾幼虫生吃起来很像坚果味的冰激凌，着实美味。
- **做汤吃。**取一把幼虫，将头部去掉，放在锅里煎炸至外皮变脆。加入切碎的洋葱、食盐和胡椒粉。倒入半升鸡

汤，煮半个小时。做出来的汤的味道有一点像烤鸡，又有一点像炒鸡蛋。

谨记：如果你没能找到木蠹蛾幼虫做汤，就拿对虾来代替吧。将虾去头去脚，然后剥皮。当然了，你不必告诉你的朋友你做的其实是对虾。

警告：选择对虾是个好主意，一来安全，你知道自己吃下去的是什么；二来不会误食受保护的物种。

如何催眠他人

人们普遍认为，催眠是一种可以左右人的意志并改变思维方式的强大工具。接下来我们将教会你如何催眠你的朋友。设想一下，你或许可以让你的朋友完全按照你的意志行事……

对目标进行测试

你可以通过测试了解你的朋友当中谁最容易被催眠。方法就是请他们尽量向上转动眼球，眼球转动幅度最大直至看不到眼球的那个人就是最佳人选。

开始催眠

1 选择一个安静、安全且不会被人打扰的地方进行催眠。

2 只有在完全放松的情况下，一个人才会进入被催眠状态。因此，在催眠开始之前请你的朋友躺下，闭上眼睛。请他进行深呼吸，并在呼气的时候依次放松他的双手、双臂、肩膀、脖子、头部、胃部、双腿和双脚。

用轻柔的语调讲话。你的朋友越放松，就越有可能接受来自你的催眠力量。不使用手表或钟摆之类的道具，这些东西只会让你的朋友分心，而不会帮助你进行催眠。

3 提醒你的朋友闭上眼睛，请他做一些简单的事情，比如上下移动右手的中指。重复发出几次指令。如果对方没有配合，再回到之前的步骤，让对方放松。

4 如果对方配合，这时你可以挑战一些更有难度的指令。比如：

- 告诉对方他的耳朵旁边一直有只苍蝇飞来飞去，看他是否会尝试用手赶走这只“苍蝇”。
- 告诉对方屋子里有一股难闻的气味，看他是否会皱起鼻子。

慢慢提出你的指令，不要提过分的要求。比如，不要一上来就提出让对方扮演小鸡这类愚蠢的要求，对方几乎不可能答应，而且很有可能因为这个不合理的要求而从催眠状态中醒来。

结束催眠

准备结束催眠状态时，对你的朋友说：“我现在从一数到五，当我数到五的时候，你就睁开眼睛，你醒来后会感到情绪放松、精神焕发！”

如何假造伤疤

想让你的朋友们相信你身上有一道吓人的伤疤，或者想在万圣节派对上营造“刀疤男”的形象吗？按照以下步骤，你就可以假造出一个逼真又可怕的伤疤。过程可能有点麻烦，但效果绝对令你满意。

你需要用到以下物品：

- 适合你肤色的腮红和粉底、化妆刷、卸妆产品、一袋没有香味的明胶、一根棒棒糖、红色的食用色素、一大汤匙玉米淀粉、棉棒、纸巾、一杯热水。

具体步骤

1 先清洁你准备假造伤疤的身体部位（腿上是最方便假造伤疤的部位），使用卸妆产品除去皮肤表面的油脂，并用纸巾轻轻拍干。

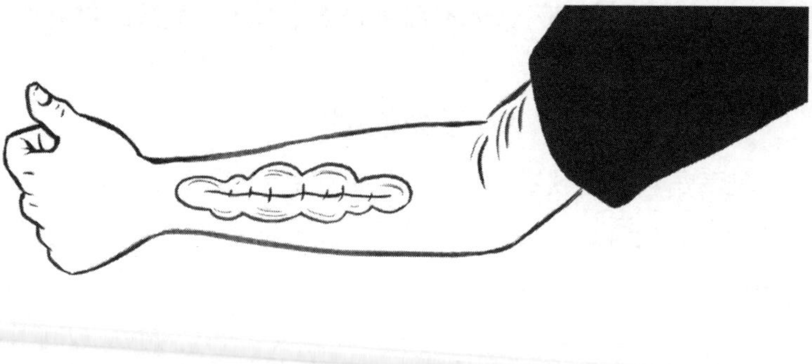

2 将一杯热水和一袋明胶混合在一起，用棒棒糖搅拌至混合物呈糖浆状。冷却一会儿，以免烫伤皮肤。然后将“糖浆”在皮肤上涂一层大小为 7 厘米 ×5 厘米的长方形，等待涂层干了以后再在原处涂上第二层。不要将明胶放在杯子里太长时间，否则明胶会凝固，不易取出进行涂层。

3 在第二层明胶干燥之前，用棒棒糖在涂层中间划出一道“伤口”，接着等待其干燥。你可以尝试着给这道“伤口”做点造型，变化一下深浅度和质地，使其看上去更加逼真。

4 等涂层干了以后，你的“伤疤”也就定型了。这时你可以开始利用化妆品上色了。在“疤痕”上拍上粉底，使其和伤疤周围的皮肤融合。动作尽量轻一些，以免破坏明胶的造型。

5 用小化妆刷蘸取一定量的腮红涂在伤疤内侧，使其看上去像粉色的伤口。

6 在一汤匙水中加入红色的食用色素和玉米淀粉，调和成“鲜血”状。用棉棒蘸取“鲜血”涂在伤疤周围，等待其干燥。

7 大功告成，现在可以给大家展示一下你的伤疤，收获大家的关心了。

谨记：在用别人的化妆品之前要征求对方的意见，不然真的要屁股开花了！

如何大声吹口哨

能够合着拍子小声吹口哨固然厉害，但你也要学会如何大声吹口哨，以引起他人的注意或表达你的欣赏。

1 喝点水润润嗓子。学习大声吹口哨很容易口干舌燥。

2 用一只手的大拇指和食指摆出“U”形，指尖保持0.5厘米的距离。将手指伸进嘴里。

3 向内卷起嘴唇，保持嘴唇紧绷，裹住牙齿和手指，尽量确保从外面看不到嘴唇。

4 用舌尖抵着下牙下面的牙肉，舌背自然拱起。

5 用鼻子吸气，再将气从两指间吹出。将手指压住下唇或下齿，利用舌头的上部引导气流。多加练习，找到最佳发声姿势，以吹出最大音量的口哨。

如何走扁带

走扁带和走钢丝类似，即在悬空的窄绳上行走，是一项非常精彩的表演。不同的是，后者是走在绷直的钢丝或缆绳上，而前者是走在特制的橡皮管或织带上，因而需要克服弹力，过程更加刺激。

首先，你需要掌握搭扁绳的技巧。你可以在当地的运动用品商店或体育活动中心买到要用的设备。

你需要用到以下物品：

三个弹簧钩（用于攀岩的带有弹簧门的金属夹）、两条短的扁绳或织带（3.5 米长，至少 20 毫米宽）、一条长扁绳（15 米长，20 毫米宽）。

安装扁绳

1 找两棵相距约 5 米的结实的树桩。

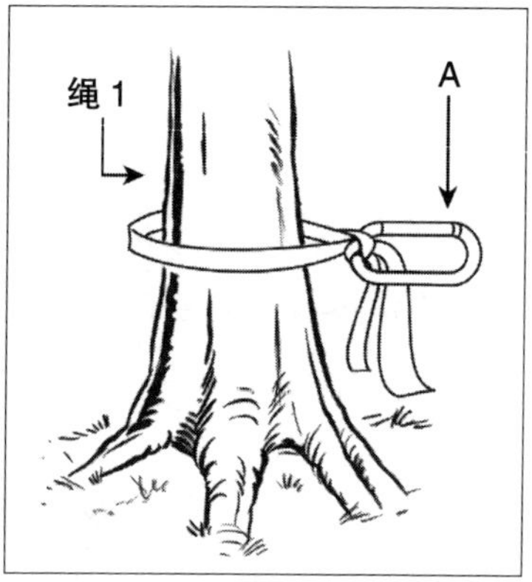

2 将其中一根短绳（绳 1）缠在树桩上，高度为距离地面 0.5 米处。将绳子的两端系在一起，打双套结套在弹簧钩 A 上。同样将另一条短绳（绳 2）缠在另一棵树桩上，打双套结套在弹簧钩 B 上。

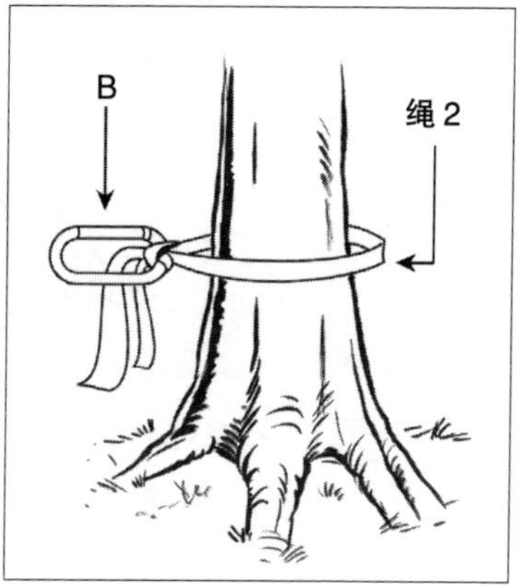

3 将主绳，即长绳（绳 3）的一端打双套结系在弹簧钩 A 上。

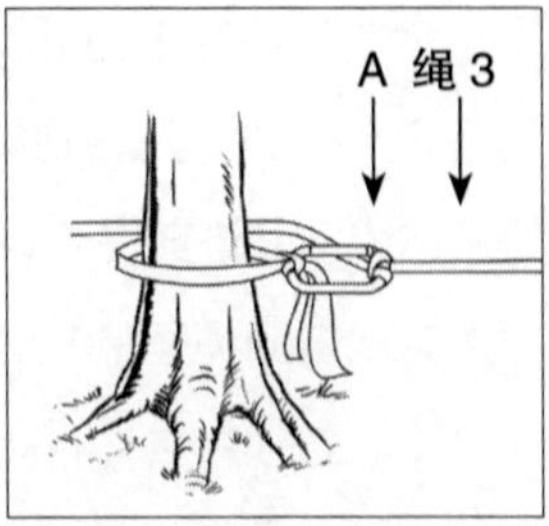

4 将绳 3 拉到另一棵树桩边，在距离弹簧钩 B 约 30 厘米的地方将绳 3 的一端打双套结系在弹簧钩 C 上。

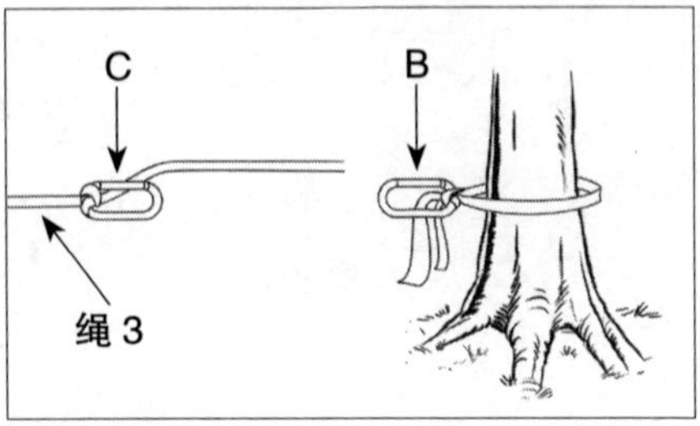

组建滑轮系统

5 现在你需要组建一个滑轮系统，控制主绳的张力。将绳 3 穿过弹簧钩 B，再将绳子绕回穿过弹簧钩 C。

6 将绳 3 再次依次穿过弹簧钩 B 和弹簧钩 C，确保形成的第二个圈在第一个圈内，将绳 3 的末端松散地系到弹簧钩 C 上，让滑轮系统就位。

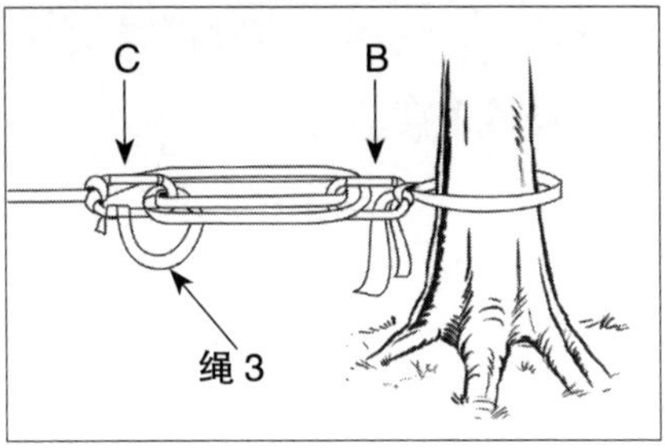

7 在扁绳上行走之前，将绳 3 从弹簧钩 C 上卸下，并轻轻拉动。当感到绳子足够紧绷，可以在上面行走之后，将绳 3 重新穿在弹簧钩 C 上。你可以多试几次，确定最适合行走的绳子的松紧度。如果绳子太松，就可能无法提供足够的张力供你行走。正确的滑轮系统组装结果应如下图所示。

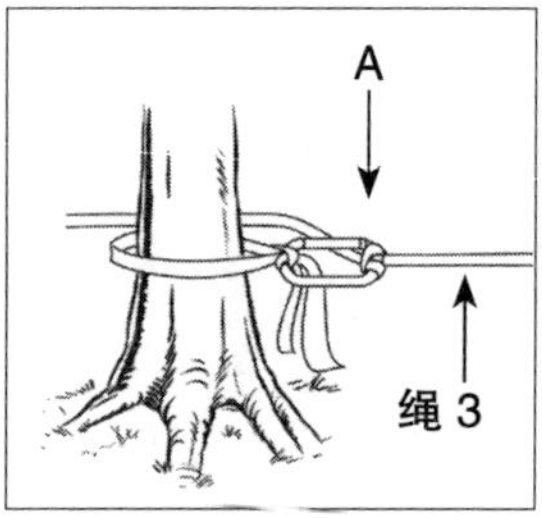

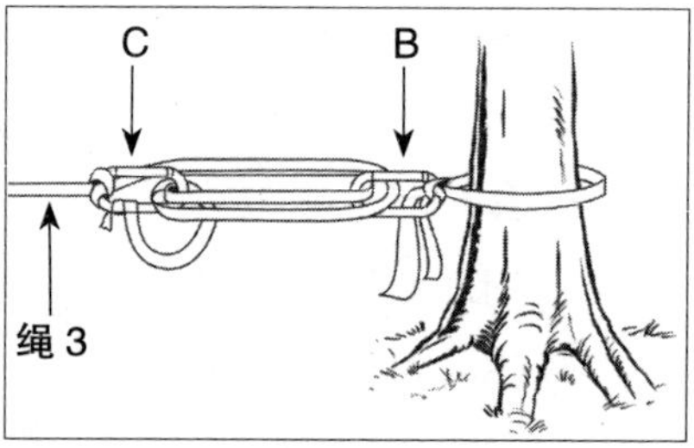

大胆地走

让成年人帮你看一下你的绳索是否安全，确定后就可以学习如何在绳索上行走了。

从绳子中间部分而不是两端开始行走，同时让两个朋友一左一右接应你。光着脚利用大脚趾和二脚趾的力量“抓住”绳索。

眼睛平视前方，不要低头。集中注意力，从臀部开始保持身体平衡。

伸展手臂，保持平衡。不要期望绳索会一动不动，只要你站上去，它就肯定会左右摇晃，这也就是走扁绳的关键，即你要随着绳子的摆动而摆动，如果你抵抗绳子的运动，就很有可能掉下来。

第一步将重心放在右脚上，接着小心地迈出左脚，当左脚在前方站稳时，将重心移至左脚，这样一步步前进。注意保持平衡，每一步都走得稳稳当当。好的，你已经学会如何走扁绳了！

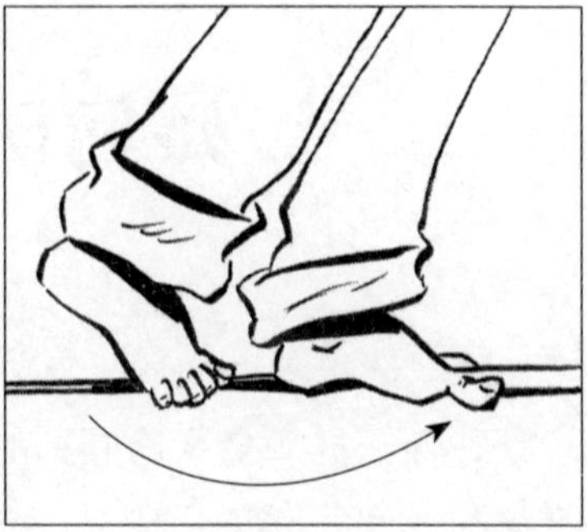

如何防止鞋臭

想要保持跑鞋干净、无异味可不是件容易的事。你肯定不想等到鞋子臭得全家都闻到的时候，被妈妈逼着洗鞋子，或是直接扔了你的鞋子。其实，只要几个简单的步骤就可以让你的跑鞋不仅看起来干干净净，而且闻起来没有一点异味。

- 利用小苏打。将一勺小苏打撒入跑鞋内并晃一晃。第二天将鞋内的小苏打倒掉即可。
- 利用旧袜子。在干净的旧袜子里装上猫砂（当然是干净的猫砂），将袜子塞进跑鞋里放一夜即可。
- 利用茶叶渣。在跑鞋里倒入茶叶渣，第二天拿出来即可。

如何准备一场泡沫大战

打水仗有打水仗的乐趣，设想一下，泡沫大战又会是怎样一番情景呢？

你需要用到以下物品：

- 一块空场地（最好是花园或公园）、一些大的塑料瓶（除去盖子）、洗涤剂、小苏打、醋、温水。

1 在塑料瓶里挤入一些洗涤剂，然后加入 2/3 的温水和两勺苏打粉。

2 用手抓住瓶子顶部，使劲摇晃瓶身，使瓶中的液体开始产生气泡（千万不要拧紧瓶盖，否则会有发生爆炸的危险！）。

3 最后，在瓶中加入秘密武器——一勺醋。瓶中的气泡就会神奇地变成细腻的泡沫。

4 用手挤瓶身，发射出泡沫。选定目标，开始泡沫大战吧！

谨记：不要总是对着对方的眼睛喷射泡沫。

如何帅气地跳上滑板

成功跳上滑板的关键是学会弹跳技能。掌握弹跳技能后，你可以轻松一跃便稳站滑板。

训练弹跳技能的最佳场地是干燥的陆地。如果在不平稳的地方练习，比如水面上，你就很有可能跌入水中。因此，为了避免动不动就落水，请在干燥的地面上练习弹跳技能。拿上你的滑板，拆掉稳定器（通常稳定器都是可以拆卸的），将滑板平放在沙滩或草地上，甚至卧室的地板上。

具体步骤

1 平直地趴在滑板上。伸直手臂将身体向上支撑起来。

2 手臂伸直后，双脚跳起，膝盖靠上胸膛，作蹲伏状。如果你惯用右手，蹲伏的时候右脚应稍稍放在左脚前。

3 一前一后立起双腿，右脚放在滑板中间位置，左脚靠近滑板尾部。

坚持练习

不要站得太直或向后靠，否则容易摔倒。正确的做法是保持两条腿微微弯曲，身体稍向前倾，用手臂保持平衡。

伸直双臂支撑摇晃的身体，膝盖靠近胸口，向前滑动右脚至滑板前方。

坚持练习这套动作，直到你可以连贯地完成。在掌握了弹跳技能后，你可以带上滑板去水里实践一下，体验真实踏浪的感觉。

如何划水追浪

在向大家展示你的滑板技能之前，你要学会一些冲浪的基本技能。

带上你的滑板，按照我们给出的方法练习，你就可以实现冲浪的梦想了。

具体步骤

1 在水深及腰的水域，面朝下伏在滑板上，划桨进入海中。划到有波浪起伏的区域时，将身体的重心移至滑板前端，拍水前行。这一招叫作“鸭子潜水”。你要尽快游离这一片起伏的波浪，来到有浪涌的地方。

2 一旦就位，就可以暂停划水了。这时，你需要跨坐在靠滑板后侧的地方，等待大小和速度都合适的浪头出现，将你一下带到岸边。

3 当浪头靠近时，将滑板转向，对着岸边，然后平躺在滑板上开始划水。身体不要太靠近滑板前方，以免把滑板压到水下。当你感到浪头在上升，托着你向岸边移动时，就赶紧加速划水。

4 当浪头已经开始推着你前进的时候，就不要再划水了。将胸膛微微抬起，重心后移，确保滑板以最快的速度前进。但要注意，不能太靠后了，不然前进的速度也会变慢。

5 经历过几次划水追浪后，你就可以尝试结合上文中提到的弹跳技能，准备练习站立冲浪了。

谨记：要在沙滩上插有红、黄旗标志的海域进行冲浪练习，这些旗子表示此地有经受过专门训练的救援人员，可以保障嬉水安全。因此，要在旗子所示的区域内活动。

另外，如果水里的人很多，你要注意不要抢占他人的活动区域，避免引起不快。

千万不要一个人去游泳，并要确保在天黑前回来。

不要在标有“禁止游泳”的区域，以及竖立红旗或表明有激流的区域游泳。

如何冲浪

在掌握了追浪和弹跳技能后，就可以开始学习如何乘浪前行了。

站立冲浪的关键在于始终伫立于浪尖，与沙滩保持平行，这样的话才能滑得更快更久。乘浪前行需要多加训练，下面我们将给出一些重要建议：

- 当浪头开始带着你前行的时候，立即跳上滑板。
- 为了保证冲浪的速度，应该站在连续的波浪处而非激流中，所以你必须掌握好滑板的方向。刚开始时保持身体重心向下，弯曲腿部，呈现蹲姿。将两只脚一前一后置于滑板上，保证前脚控制你向前行进的方向，然后将身体重心微微压在这只脚上。
- 尽量确保身体重心在滑板正上方，以免摔倒。
- 仔细观察哪个浪头适合你进行冲浪。

一切准备就绪，开始冲浪吧！

如何像人猿泰山一样呼喊

众所周知，泰山是雨林之王，以与鳄鱼搏斗、自由穿梭于丛林之中见长。现在我们就教你学会泰山标志性的呼喊，说不定你也可以召唤来各种动物呢。

找个不容易打扰到他人的地方练习（以防万一，最好别在动物园附近练习）。深吸一口气，用喉底发出“啊啊啊”的声音。

几秒钟之后，用拳头轻轻拍打胸膛。这样你的声音就会发生变化，产生真假音互换的效果。拍打胸膛的不同区域会产生不同的音效。

尝试连续呼喊10 秒钟，并通过改变呼吸气流让声音发生变化。

如何成为大胆的飞镖手

在卧室的墙上挂一面飞镖板，多加练习投掷飞镖的技巧，不日你就会正中靶心了。

按照我们给出的关键步骤练习，有助于你早日成为飞镖冠军。

握镖杆

不同的人握镖杆的方式也各不相同，所以你要通过反复试验来确定最舒服的握杆方式。但无论采取哪种握杆方式，你都要遵循以下原则：

1 握镖杆的时候，大拇指抓住镖杆的一侧，另外两根手指抓住另一侧。卷起其他手指，以免碍事。

2 握镖杆的手力道一定要轻。如果你的手指尖变白了，说明你捏得太紧了。力道过重会导致无法干净利落地甩出飞镖。

3 飞镖始终要与地面保持平行，千万不能向上或向下。

身体姿势

射飞镖时身体姿势也很重要。身体稍微侧对飞镖板，将射飞镖的一侧手臂靠近飞镖板。双脚一前一后站立，前脚（和射飞镖的手臂同一侧）应和飞镖的起投线保持合适的角度。另一只脚放在身后保持身体平衡，但身体重心仍应放在前脚。

投飞镖

锁定飞镖板上的目标，先弯曲手臂，再伸直手臂，运用手腕的力量，用力投射飞镖。在整个投射过程中只能有手臂的运动，肩膀应保持不动。

投射飞镖后，投射飞镖的手指应垂向地面方向。

整个投射过程应一气呵成，不要把玩飞镖。

如果你在投射飞镖后发觉身体重心歪向一边，就表明你没有掌握好平衡。闭着眼睛再尝试一次射飞镖，这样有助于你保持身体平衡，因为在闭着眼睛的时候，你可以更清楚地感觉到是身体的哪一部分在运动。

正中靶心！

投射练习进展顺利后，你就可以进行投标游戏了。

你可以叫上一个朋友，进行“301 飞镖挑战赛”，即每位选手起始为 301 分，选手得分随投掷得分而递减，首先将 301 分减为 0 分者获胜。

如何假装打翻饮料

教你一招，让你在愚人节那天的饭桌上制造混乱。

你需要用到以下物品：

• 一只纸杯、胶水、橘色食用色素、一只旧塑料袋和一把剪刀。

具体步骤

1 取一只纸杯，倒入约 1 汤匙的胶水。加入几滴橘色食用色素并搅拌，做出被泼洒的饮料的样子。

2 将塑料袋平铺在桌子上，在其一角打翻纸杯，将胶水洒出杯外，在塑料袋上做出饮料泼洒的样子。确保杯子置于塑料袋上，且杯沿儿和洒出的胶水相接。然后等待胶水变干。

3 等胶水干了之后，用剪刀沿着胶水的形状将塑料袋剪下来。

放在宴会桌中央，相信周围的人一定会被吓得大惊失色。

如何用柠檬点亮灯泡

人人都在说“绿色能源”，今天我们要介绍一种“黄色能源”。请参照以下步骤利用柠檬点亮灯泡。

你需要用到以下物品：

- 一只新鲜的大柠檬、一根 5 厘米长的锌螺钉、一根 5 厘米长的铜螺钉、一套用过的圣诞树装饰灯泡、一把钳子。

具体步骤

1 轻轻地挤压柠檬或在坚硬的桌面滚动柠檬，压出柠檬里的汁水。注意不要弄破柠檬表皮，以免汁水溢出。

2 将锌螺钉插进柠檬的一端，铜螺钉插进另一端。不要将两根螺钉全部插入，也不要让插入柠檬内部的两根螺钉接触到。保证两根螺钉各有 2 厘米的长度露在柠檬外。

3 用钳子将灯芯拆出，两边留出 5 厘米长的电线，这一步可以让成年人帮忙。

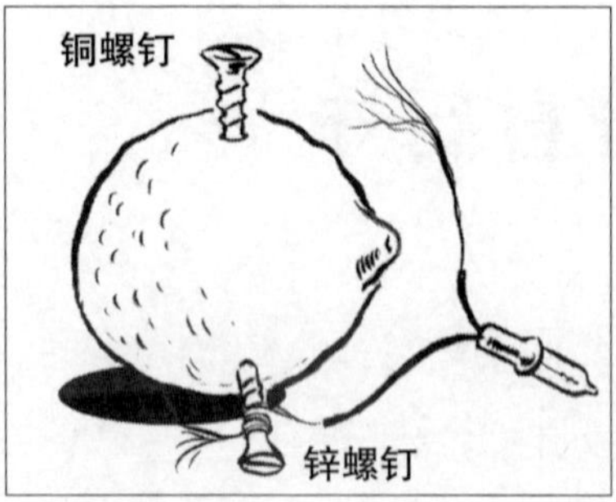

4 小心剥开电线上的塑料绝缘线约 2.5 厘米长，露出里面的金属丝。

5 将其中一根裸露的金属丝缠绕在锌螺钉上。

6 调暗屋内的灯光，拉上窗帘。将另一端金属丝迅速缠绕在铜螺钉上。

7 仔细观察，此时灯泡就会借助柠檬的力量被点亮。柠檬中的酸性物质与插入其中的金属螺钉产生了化学反应，从而产生足以点亮灯泡的能量。

如何侧滑自行车

侧滑自行车是主要利用自行车的后轮进行侧滑的简单技巧，只要稍加练习，绝对能够一下子吸引大家的眼球。

在开始练习之前

- 你的自行车必须没有任何毛病，车胎打足气、脚踏板也必须没有问题。
- 你的刹车必须没有任何问题，另外，你必须做好保护工作，比如戴好护肘、护膝和头盔。

- 练习侧滑必须在坚硬的地面上进行，所以你可以选择在水泥路面上进行练习，但要先确保这条路上没有其他车辆来往。

表演侧滑自行车

1 刚开始练习的时候踩踏板的速度要慢，和慢跑的速度相当。不要担心这样的速度过慢，当你掌握了技巧之后，就可以加快速度了。

2 将身体重心向前靠，偏离后轮，身体稍向右倾斜，就好像要拐弯一样。

3 将右脚从踏板上挪开，稍微抬离地面，搭在车身一边，同时用力刹后闸（后闸一般由左边的车把控制）。

4 此时你会感到后轮胎被刹住，车身开始旋转向左摆动，当车子停顿下来的时候，将右脚放下稳住车身。

5 逐渐加快速度练习侧滑，让你的表演更加有看头。

如何在打赌中获胜

和好朋友打赌的时候，何不尝试一下下面这招呢？

你需要用到以下物品：

· 500 克玉米淀粉、水、一只大的搅拌碗、两枚一元硬币、一只手表或秒表。

具体步骤

1 将玉米淀粉倒入搅拌碗中，注入水后搅拌，直到混合物呈黏稠的奶油状。

2 请你的朋友到厨房来看一眼你的成果。

3 让他拿出一枚一元的硬币，你自己也准备好一枚一元硬币，将两枚硬币同时丢入搅拌碗中。

4 接着，让你的朋友把手伸进碗中，在 5 秒钟之内找到一枚硬币。如果他做到了，两枚硬币都归他；如果没做到，两枚硬币归你。

5 倒数 5 秒钟，看看情况如何。

你赌赢了！

你的朋友越是快速地在碗里“捞钱”，手上粘的黏糊就越多。这样一来，他很可能连一枚硬币都捞不上来。

接下来轮到你向他展示如何“捞钱”了。把手伸进去后找钱的动作一定要慢，摸到钱之后也要慢慢地将其取出。

谨记： 你要在打赌前先自己练习几遍，将时间控制在 5 秒钟之内。记住，动作越慢越容易取出硬币。

如何钓螃蟹

在海边或潮水河边度假的时候，钓螃蟹绝对是一大乐事。钓螃蟹不需要什么专门的设备，也不需要什么特别的技巧，是一项非常简单的娱乐活动。

你需要用到以下物品：

- 一条渔线、一根金属钩（钢丝衣架的挂钩也可以）、一个螺母、一些用作诱饵的生培根、一只桶、一张小渔网。

具体步骤

1 将金属钩系在渔线末端，并把螺母直接套在鱼钩上，压低渔线。

2 找到适合钓螃蟹的地方，比如海港围墙处、小桥边、码头或驳船上。和鱼不同的是，螃蟹到处都有，所以不必找单独钓螃蟹的地方。

3 在桶里装满海水或潮水，再装入几块培根。

4 在渔线的钩子上放一块培根（放好鱼饵后把手洗干净）。

5 把鱼钩扔到水里，直至其沉到水底，把渔线抓紧。

6 耐心等待，当感觉渔线有动静的时候慢慢将其收起，看看有没有什么收获。如果顺利的话，渔线上就会钩着一只螃蟹，用渔网把螃蟹捞起来，然后放到装有海水的桶里。

谨记：螃蟹也是有生命的！在抓住它们后，你一定要轻轻地数抓住多少只螃蟹，或者和朋友比赛，比如在 20 分钟内，看谁抓得多。

如何成为拼图高手

圣诞节到了，亲朋好友相聚在一起。有人把几千片拼图碎片倒在了地上，让你完成拼图。如果你不想一直坐在那里拼到新年前夕，就按照我们给出的建议做吧。

1 找到足够大的空间，把所有的拼图平铺在地上。

2 把最终的图片拿到手边，这是你在拼图过程中最重要的线索，所以一定要看清楚。

3 在所有拼图中找出两边都是直的的碎片，这些是图片的边缘部分。

4 先用上一步骤找出的全部碎片组装出图片的边缘部分，拼完后你就会对最终图片的形状和大小有一个最初的印象。

5 把其余的碎片放在组装好的框架之外，以免混淆。

6 接着，将颜色近似的碎片分组，根据最终图片判断出这些分组大概属于哪一块儿，比如是蓝天、白云，还是溪水。

7 把那些看起来形状比较明显的碎片收集在一起，比如亮红色的汽车或黄色的小船。先组装这些部分。

8 如果遇到卡壳的地方，先在图片中找出那些由好几块碎片构成的轮廓、线条或形状，比如大厦里的窗户或户外的斑马线。先从这部分开始拼图。

9 标志或字母比较容易识别，找出这些碎片，将其在适合的框架里拼凑起来。

10 不要气馁。如果觉得拼不下去了，就先把其余的碎片按照相似性组合在一起。接着，如果你知道图片的样子，就尝试着将碎片一片一片组合在一起，直到确定与边缘吻合的碎片。祝你好运！

谨记： 拼图期间可以多休息几次，因为当你以为找不到那块关键的碎片时，说不定回头一下子就又找到了。

如何做出可食用的小冰屋

为什么下的雪永远不够多，永远造不了一间真正的小冰屋呢？不如用方糖代替冰块造一间小冰屋，这样不用受冻，甚至可以在完工之后给你的宠物吃掉。

你需要用到以下物品：

- 一盒方糖、直径为 15 厘米的圆形纸板、500 克的糖霜酥皮、3 汤匙的水、防油纸。

建造小冰屋

1 先用方糖在纸板上堆出冰屋的底部。将糖霜和水混合，制作糖膏。将糖膏像水泥一样涂在方糖上，别忘了留出一个出口。

2 接着，开始向上一层层搭建小屋。在每一层方糖上撒一层糖膏，每一层撒完后等待 20 分钟，待糖膏凝固。大约建 8 层就可以了，注意在摆放方糖时与下一层的方糖错开，并逐层缩短围度。

3 分别做出冰屋的大门和屋顶平台。在台子上铺一层防油纸，以免大门和屋顶粘在台子上。几个小时后，等大门和屋顶彻底凝固后就可以将其从防油纸上取下了。

4 将糖膏涂在未完工的冰屋顶层，再用糖膏将大门固定在适当的位置。接着，将屋顶轻轻地放在冰屋顶上，等待糖膏凝固。

5 将冰屋放在盘子上，最后撒上糖霜酥皮，并用卡通北极人物做装饰。这样的可食用小冰屋用作圣诞装饰绝对抢眼，所以记得完工之后拿给你的妈妈看看。

如何扑救点球

如果你是守门员，而对方球队得到了一个罚点球的机会，此时不要慌张。如果你没能扑出点球，大家不会怪你；但如果你成功了，你就成了球队的英雄。下面就教会你如何成功扑救点球，成为队里的“传奇”。

- 规则声明在对方点球罚出之前，你的双脚不能离开球门线。因此，你可以在原地上下跳动，张开双臂和双腿，尽量扩大身体范围，增加扑出点球的概率。
- 当对方准备发球时，注意观察对方的身体语言。注意看对方的眼神，这可能透露他想朝球门的哪个方向发球。
- 注意观察对方是信心满满还是紧张不安。如果对方十分紧张，那么他就很有可能罚球无力，但如果对方一副信心十

足的样子，他就很有可能一脚将球踢到你的头上，以此炫耀自己的本事。如果你看出这一点了，就要做好准备，及时跳起救球。

- 如果对方惯用右脚，那么他就有可能踢到足球的右侧。这意味着球会飞向球门的中间或偏左的位置，因此你要按照实际情况做好准备。
- 千万千万记得要及时俯身救球，这样一来，除了用手，你也可以利用双腿或双脚挡住球。在罚球之前就要做好俯身救球的准备，不要等到对方已经发球再蹲下，不然你很有可能错失良机。

如果运气好，你就会成为场上的“最佳球员”哦！

如何躲避雷击

在一个阳光明媚的日子里，你正在逛街，突然天色变暗，雷电交加。这时，为了安全起见，你应该做到以下几点：

- 当你看到闪电的时候，开始数数。数一下多少秒之后听到雷声，然后将秒数除以 3，得到的数字约等于你和雷暴之间的距离（千米）。
- 如果在看到闪电后 20 秒内听到雷声，说明你正位于雷暴的中心位置，这时你就要做好防护措施了。
- 避开小屋、敞篷车、树木、旗杆和移动通信天线。如果可能，尽量躲进大型封闭式建筑物内。
- 躲进屋内后，尽量与电话、水龙头及其他家用电器，比如电视机、电脑保持一定距离。这些物品类似“导体”，可能会引导雷电。如果你不小心触碰了被雷电击中的“导体”，那么电流就会穿过你的身体。因此，务必远离这些物品!
- 如果你周围没有建筑物，而是处于田野或沙滩这样的空旷地带，你应该这样做：摘除身上一切金属物体，比如手表、戒指和项链，然后把它们丢远，因为这些东西也属于“导体”。接着，趴下身体，使手指、膝盖和脚趾接触地面，将头低下，靠近地面，等待雷暴过去。

如何成为讲笑话的高手

有的笑话不一定能博得满堂彩，但有的人无论讲什么笑话都能让听众开怀一笑。怎样才能做到这一点呢？

该做的事

- 熟记笑话的内容。你知道有多少人讲笑话讲到一半突然忘词是多么尴尬的经历吗？
- 掌握语速。不要一口气把笑话讲完，要自信满满，将讲笑话视为一个享受的过程。你的听众也会被你的情绪感

染，最后会心一笑。

- 笑话要短而精，超过 2 分钟的笑话可能无法吸引听众的注意力。
- 要自信，讲话生动活泼。
- 笑话的收尾必须有力。大家都在耐心等待你的结尾，期待能引发他们的一场爆笑，所以千万别在结尾出错。
- 收集一些好的笑话。将从好友或笑话达人那里听来的笑话收集起来，然后稍加修改，使之适合自己讲述。

不该做的事

- 不要用什么奇怪的口音讲笑话，除非你觉得你能把握好分寸，否则的话你的听众会觉得摸不着头脑，甚至觉得你冒犯了他们。
- 不要什么笑话都讲，寻找适合你的听众和你自己的笑话。
- 如果听众不喜欢你的笑话，就不要再多讲了。注意一下他们对哪一部分不感兴趣，下次就去掉这一部分。

如何在起床后争分夺秒

你可能一觉醒来发现时间已经来不及了。那么，在睡过头的情况下，你需要采取以下措施为自己争分夺秒。

- 在前一天晚上找好第二天要穿的衣服。每个人在早上刚起来之后都多少还有一些睡意，所以你最好在前一天晚上清醒的时候把第二天要穿的衣服收拾好，免得头脑昏昏的还要翻箱倒柜找衣服。
- 衣服脱下之后要摆放整齐。如果你上学要穿衬衣、打领带，你在脱下衣服后要将领带放松（仍系在衣领上），将衬衣最上面的两粒纽扣解开，第二天可以直接往头上一套就出发了。
- 多层衣服不要弄乱。如果你穿了 T 恤和套头衫，就不要分开脱了，直接一把脱掉。这样你第二天早上就可以一下子套两件衣服了。
- 将袜子和内衣事先准备好，免得第二天出门慌慌张张穿了一双颜色不一样的袜子。
- 有的衣服可以不脱。天气冷的话，你也可以穿着袜子睡觉。第二天就可以省一件事了！

如何成为功夫之王

大家最熟悉的一个功夫动作就是“高踢腿”了。你可以对着镜子练习这个动作，或在和胸口齐平的高处悬挂一块垫子作为踢腿练习的靶子，这有助于你提升动作的准确度、力度和速度。

下面是练习高踢腿的关键所在：

- 站在和你的目标呈 45 度角的方向，将准备练习踢腿的一条腿放在身后，另一条腿放在前面。将 70% 的体重放在身后的腿上。
- 尽量绷直背部，将体重的重心移至前腿。同时，利用屈膝的力量将腿伸直向上踢，旋转前脚，使得后腿可以直接踢到靶子。尽量抬高膝盖（至少保持和腰部同高）。
- 在踢腿的瞬间伸直腿，用脚尖踢到靶子。
- 在踢到靶子之后迅速将双腿回位。

谨记：千万不要对着人进行高踢腿，除非是在自卫情况下。

如何上/下吊床

在花园的树荫下摆一张吊床，休闲时在上面躺一会儿一定非常惬意。

但上吊床或下吊床可就没那么惬意了，你很有可能一屁股坐到地上，尴尬得满脸通红。因此，你需要了解以下几点，以便轻松地上、下吊床。

上吊床

抓住吊床两边，不要一下子跳上吊床，而要慢慢坐到吊床中间，然后稍微向后仰，双脚仍在地面上。

当背部靠到吊床上之后，双脚慢慢离开地面，放到吊床上。

试着将头和脚呈对角线状躺在吊床上。

下吊床

当你醒过来的时候，或者需要下床的时候，先将身体转向一侧。

再将双腿慢慢从吊床边挪下来，放到地上。

两手抓住吊床的边沿，当你将重心转移到双脚上时，将吊床往下拉，同时起身。

如何识别毒蛇

如果你去了某些毒蛇经常出没的国家或地区，一定要先搞清楚专家列出的世界上毒性最强的 5 种毒蛇是什么样的。

如果你真的遇到毒蛇，不要慌张，慢慢离开毒蛇的视野范围就可以了。如果你真的被蛇咬了，赶紧就医。识别出毒蛇的种类有助于医生决定给你使用哪种抗蛇毒素，这样才能尽快帮助你脱离危险。请仔细阅读下文中对各类毒蛇的描述。

内陆太攀蛇

出没地点：澳大利亚的干燥陆地。

致命指数：第一位。

内陆太攀蛇的毒性是世界上最强的，仅 1 毫克蛇毒就可致一名成年人死亡。

性格：一般不活跃，但在受到威胁时会发起攻击。

外表特征：内陆太攀蛇成年后体长可达 1.7 米，其背部、两侧和尾巴通常是浅棕色的。身体其余部分在冬天通常是黑色的，夏天通常是深棕色的。

澳大利亚棕色蛇（也被称为常见东部棕蛇）

出没地点：澳大利亚、印度尼西亚和巴布亚新几内亚。

致命指数: 第二位。

性格：攻击性强。

外表特征：澳大利亚棕色蛇成年后体长可达 2 米。这种蛇大多数是棕色的，背部有一些图案，比如多种色彩的带状或斑点状花纹。它们在陆地上爬行的速度非常快，在遇到危险时，它们会将头部立起呈 S 形。

金环蛇

出没地点：东南亚。

致命指数：第三位。这种蛇的毒性是眼镜蛇的 15 倍。

性格：白天性格内向，夜间有攻击性。

外表特征：金环蛇在成年后体长可达 1.5 米，背部有黑白相间的条纹延伸至白色的腹部，头部呈灰色，唇部颜色偏浅。金环蛇出于自我保护的目的，通常将头部隐藏在盘旋的身体下面。

虎蛇

出没地点：澳大利亚南部、斯塔马尼亚岛及其沿海岛屿。

致命指数：第四位。如果未能及时治疗，死亡率超过一半。

性格：在受到威胁时会有攻击性。

外表特征：虎蛇成年后体长可达1.5米，虎蛇身上有褐色或黄色环状条纹，和老虎类似，腹部颜色较浅。在受到威胁时，虎蛇会发出很大的“嘶嘶”声，并像眼镜蛇一样昂起头准备攻击。

锯鳞蝰

出没地点：中东、中亚、印度和周边地区

致命指数：第五位。这类蝰蛇致人死亡的情况远多于其他毒蛇。

性格：易怒，具有攻击性。

外表特征：锯鳞蝰成年后体长可达1米，头部较短，呈梨状，眼睛较大。身体下部的鳞片与身体呈45度角张开。受到威胁时，锯鳞蝰会盘成字母C状并摩擦身体，发出巨大的“嘶嘶”声，以侧向缠绕的方式快速出击。

如何查看角落那头的情况

如何才能看到角落那头的情况？如果在电影院看电影的时候，你的前面坐着一个大胖子，你如何才能完整地看到电影呢？很简单，制作一个潜望镜就可以了。

你需要用到以下物品：

- 两个果汁纸盒（将内侧清洗干净，晾干后备用）、一支记号笔、一把剪刀、一把直尺、强力胶带、两片小的长方形镜片。

具体步骤

1 将两个果汁纸盒的顶部小心剪下，这样两个纸盒都成方形的了。

2 在其中一个纸盒底端剪一个长方形的出口，出口的左右和下方保留与纸盒 1 厘米远的距离。

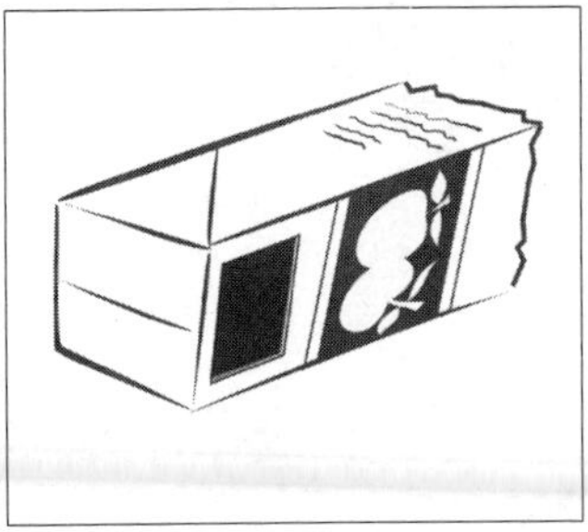

3 将纸盒底端有出口的一面对着自己放好，将镜片平放在纸盒顶端，使其较长的一边与纸盒底端平行。用笔在镜片的右下角和左上角各画一个点，接着将镜子拿走，用直尺画对角线连接这两个点，如左图所示。

4 沿着刚才画的线剪开一道口子，将镜片塞进去。将纸盒翻过来，从正面的出口往里看，此时你应该可以在镜片中看到纸盒被剪掉的顶端。用胶带将镜片固定好。

5 对另一个纸盒重复上述步骤。

6 将其中一个纸盒倒过来套在另一个纸盒上。其中一个在纸盒底端的出口面对着你，而另一个在纸盒顶端的出口背对着你。如果你制作无误，应该可以通过下面的出口看到上面的情况。用胶带将两个纸盒粘在一起。

恭喜了，潜望镜已完成。你可以通过两片镜片的反射看到前方的情况。水平放置时可以观察到角落那头的情况，竖直放置时可以观察到墙或栅栏另一头的情况。

如何划小皮艇

表演划小皮艇时有一项翻滚特技就是先颠覆皮艇，使自己暂时置于水下，然后迅速起身，回到水上。这一项目是为了向北极圈乘小划艇捕鱼的因纽特人致敬，他们操纵小划艇的技巧娴熟。你可以通过阅读下面的内容，学会这项技能。

谨记：干万不要独自一个人尝试划皮艇，一定要在专业人士的指导下进行。穿戴安全装置，包括头盔和救生衣。

具体步骤

将船桨放在皮艇左侧，保持其在水面之上。腰部以上部分向前倾，保持身体处于较低位置，紧靠在皮艇前端。

接着，将身体向左侧倾斜，这样你就会和皮艇一起翻滚至水下。

划动船桨浮出水面

当你置于水下时，将身体再次向左倾斜，使皮艇返回水面。在水中用力向外划动船桨的外段（靠近你右手边的弯曲部分），这样就会翻动皮艇，让你浮出水面。

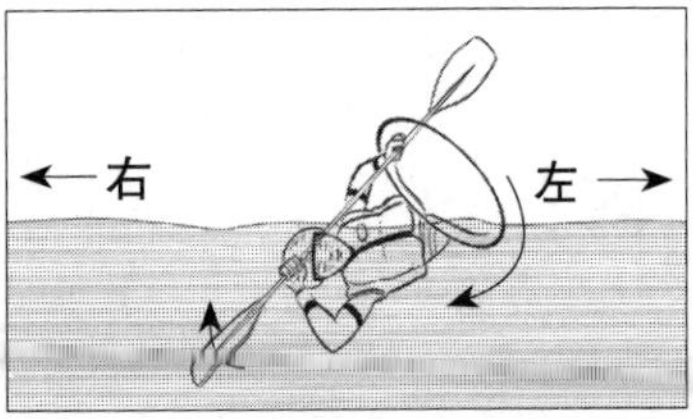

利用臀部迅速归位

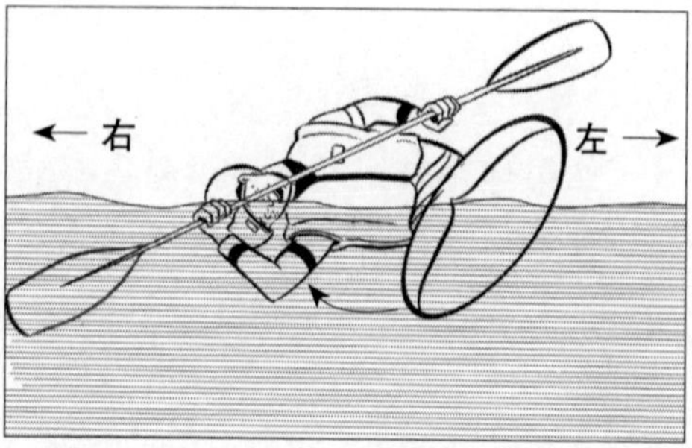

你需要利用臀部的力量迅速浮出水面并让皮艇归位。

这一技巧的第一步就是左右摇动皮艇。首先，一直向左伸腰。接着，迅速地向右伸腰。在最后一刻向身体右侧撅起臀部，这样你就可以浮到水面并有足够的力量将皮艇归位。

在使用上面的技巧时你的头部和身体一直是在水里的。如果你的头部先于皮艇浮到水面，那么皮艇就会拖着你再次沉到水里。

回归初始状态

利用臀部的力量可以将你迅速送出水面，不要尝试使用头部或肩膀的力量，这样会使你的肌肉紧张，导致你再次落水。

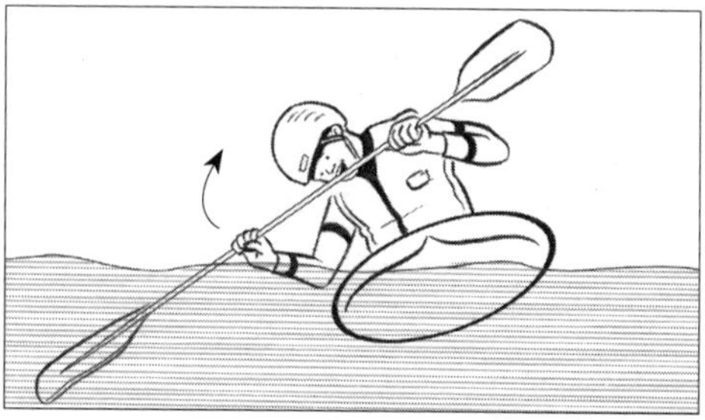

坐直身体后，迅速用桨向前划水，帮助身体回归初始状态。

如何在洪水中求生

如果你在曾经发生过洪涝灾害的沿海或地势低洼的地区度假，就要提前做好准备，因为这些地区很有可能再次发生类似的洪涝灾害。

准备好应急包

随身携带应急包，放在自己可以拿到且不会被洪水冲走的地方。

你的应急包应该用防水布进行密封，里面有：装在密闭容器里的饮用水、医药箱、本地地图、信号装备（火炬和手机）、一套换洗的衣服、睡袋或毯子、密封的塑料钱包（里面装护照或其他重要文件）。

预防工作

提前得知洪水或海潮即将到来的消息对你的生命安全至关重要，因此要留心电视或收音机里播放的相关信息。

在度假的第一天你应该熟悉当地地形，提前在某高地或坚固的建筑物内找一处地点作为和家人会合的地方，并确保家人都知道怎样从度假地点走到会合处，避免在地势低洼、可能发生洪水的地方逗留。

如果可以，确保和你同来的人都随身带着手机，且有各自的联系方式和紧急求助电话。

躲避洪水

如果你足够幸运，提前得知了洪水即将到来的消息，那就要马上准备离开居所。关闭煤气和电器，如果来得及，将家具和贵重物品搬到楼上。

在洪水中浮动的大型物品会对你和他人造成威胁，因此，将车锁进车库并关上门。拴住任何可能随洪水漂走的物品。

然后带上应急包去和家人约定好的地方会合。千万不要尝试和洪水比速度，企图开车躲开洪水，洪水的速度永远比你快。

不要尝试蹚过那些看上去比较浅的洪流，在没过膝盖的水中行走非常危险。另外，光靠肉眼也很难判断洪流到底有多么湍急。急速流动的洪水很有可能让你失去平衡，在洪水中跌倒。

如果你真的不幸被洪水卷走了，要试着抓住身边任何可以抓住的物体。置身于洪水中意味着你很有可能被洪水中的碎片击中，另外一个威胁就是自然界中的野生动物，比如蛇和鳄鱼，它们也很有可能同时被卷入水中。

到达高地

一旦你到达了约定会合的地方，用手机告知救援队伍你的所在地。确保同行的人和你一样待在原地等待救援。

等待的时候可以将你带的食物和水分给大家，不要让同行的人喝周围的洪水。这些水已经被严重污染，喝下去很有可能致病。用急救包里的物品为受伤的同伴处理伤口。

如何向飞机发信号

如果你注意看过飞机降落在机场时的情景，你可能会发现地面上站着一个衣着显眼、佩戴着护耳器的工作人员在挥动手臂，对飞行员发信号。他们就是地面控制人员，主要任务就是在飞机安全降落之后引导飞机在机场的活动。

地面控制人员和飞行员进行交流时使用的是一套全球飞行员通用的信号体系。地面控制人员必须无误地发出每一个信号，以免造成飞行员对信号混淆而导致飞机方向出错的危险情况发生。

下面是十种最常见的飞机信号，下一次在机场看到时，你就知道这些动作意味着什么了。

发动引擎

警报解除

正常停机

紧急停机

向右转

向左转

继续直行

减速慢行

失火（左手指向失火的地点）

关闭引擎

如何制作完美的雪球

你以为制作一个完美的雪球很容易吗？那你就错了。不用心做出的雪球要么一碰就散，要么怎么也摔不烂，你需要一定的技巧并加以练习才能做出有完美爆炸效果的雪球。

· **最佳的温度。**当室外温度降至冰点的时候是做雪球的最佳时机。如果室外温度低于零摄氏度，雪就比较干燥，不容易粘在一起。在这种情况下，你就要去房子周围寻找一些温度稍微高一点儿且有一定湿度的雪来做雪球。

室外温度高于零摄氏度时的雪一般是黏糊糊的。这时候你就要去离房子比较远，且没有阳光直射的空旷场地寻找合适的雪，那里的雪温度比较低。

· **收集里层的雪。**在找到合适的雪地之后，将表层松散的雪弄掉，保留里层的雪，这就是制作雪球的最佳材料。

制作雪球

· **挤压成形。**先把雪舀出来，用双手团成球状，在施压过程中会听到雪球挤压的声音。注意不要压得太紧，当感觉到雪球变硬时就可以松手了。

再舀一些雪堆在已经成形的雪球周围。

制作雪球最好不要戴手套，手的温度可以加热雪，使其容易成形。接着，丢雪球才是真正检验雪球质量的时刻。一个完美的雪球应该在击中目标后立即散开形成一团雪雾，并在目标的身上留下一个被击中的印记。

谨记：千万不要对着别人的脸丢雪球，这样很容易伤到对方的眼睛。千万不要对着来往的车辆或在繁忙的马路上丢雪球。

如何像专业人士一样击球进洞

假如你在高尔夫球场上，联赛冠军的宝座尽在你的掌握之中，这时你该怎么办呢?

不要急于出击

花点时间观察一下周围（地表的平滑程度和洞口周围的绿地），看地面有没有坑坑洼洼的情况。在脑海中演练一下从击球到进洞的整条路线。

正确的位置

站在洞口一侧，肩膀与球杆保持合适的角度。将身体的重心均匀分布在两条腿上，保持身体平衡。你应该站在靠近球的地方，确保手臂可以自由伸展且身体不用前倾。

正确的进球动作

用手掌，而不是手指抓球杆。抓球杆要稳，但不要太用力，因为这样会使肩部肌肉紧张，影响挥杆的流畅程度。整个过程都要稳稳当当，确保挥杆动作一气呵成。

先将肩膀后移举起球杆，然后前移将球杆挥出，击球时手不要乱动。

巧妙利用手套

如果你需要额外的力量进行远距离或上坡击球，就很容易失去对肩膀和手臂的控制，这对于你进球来说是致命的威胁。为了防止这种情况发生，在靠近球洞一侧的腋窝下面塞一只手套，在击球全程中应保持手套不移位。

对准小洞进球

练习进球动作十分关键。在地上放两个球座（通常为木质栓，将球放在上面驱动），相距 10 厘米，接着将球击入两个球座之间。这比击球进洞难度更大，因为球稍微偏离中心就会撞翻球座。等你到了高尔夫球场上就会发现，实际上球洞要宽得多，这样进球就更容易了。

如何养宠物蝎

很多人爱养蝎子做宠物。蝎子养起来很容易，它们的寿命一般是 6 年。如果你对养蝎子感兴趣，请阅读下列建议，在有助于你养好宠物的同时保障自身安全。

选择合适的品种

在养宠物之前你要做好功课，可以去宠物市场询问哪一种蝎子适合做宠物。帝王蝎或许是最适合当宠物的蝎子了。这种蝎子身体呈黑色，体长可达 20 厘米，尾部的刺和蜜蜂的刺类似。另外，泰国黑蝎子和爪哇丛林蝎子也比较适合做宠物。

蝎子并不是群居生物，因此单独养一只即可。

蝎子的小窝

买一个带有可上锁的盖子的水槽，容量为 45 升即可。

蝎子喜欢在 25 摄氏度的常温中生活。当温度低于 25 摄氏度时，利用加热垫给水槽加热（加热垫是一种可以放在水槽底部的电子装置）。记住，当室温高于 25 摄氏度时就要关闭加热垫。

你要定期给蝎子加水。买一个浅一点的盛水容器，以免蝎子溺水。另外，在水槽底部放几块石头，便于蝎子在上面爬行。蝎子还喜欢钻洞躲起来，因此你还可以在水槽里放一些石头，便于蝎子躲藏。

记住要问宠物店老板你的蝎子是来自热带雨林还是沙漠。如果来自雨林地区，则需要在水槽中铺一层 6 厘米深的有机肥，并在上面覆盖一层兰花树皮碎屑。经常喷水保持上层碎屑潮湿。如果蝎子来自沙漠地带，则在水槽底部铺一层 10 厘米厚的沙子（询问宠物店老板最适合铺哪种沙子）。

投喂食物

蝎子是肉食动物，你可以从宠物商店或网上购买蟋蟀或肉虫作为蝎子的食物。一周投放 2 ~ 3 次即可，野生的蝎子一般是在夜间外出觅食，因此投放食物也要在夜间进行。

谨记：千万不要没事就把玩你的宠物蝎。它们真的会蜇你，而且会很疼。有的蝎子蜇人的后果非常严重，因此在被蜇后应立即就医。在投喂食物、清洗水槽或换水时，一定要确保蝎子不在盖子边上才能打开盖子。注意看蝎子是不是爬到了盖子边上，如果蝎子要爬出来了就立马盖上盖子。结束后记得将盖子锁上。

如何做出密西西比泥巴派

密西西比泥巴派实际上是一种巧克力蛋糕。因为这种派看上去和其发源地的密西西比河泥泞的河岸十分相似，因而得名。你可以根据下列步骤做出可口的密西西比泥巴派。

你需要用到以下物品：

- **制作碎面基底：**100 克碎的消化饼干、50 克溶化的奶油、25 克黄砂糖。
- **制作内馅：**400 克黑巧克力、225 克黄油、两勺开水、300 毫升稀奶油、350 克红糖、6 只鸡蛋、直径为 20 厘米的底部可活动的饼模，对了，还有鲜奶油。

具体步骤

1 将烤箱预热到 190 摄氏度，刻度调至 5（在使用烤箱时必须有大人在场），在饼模内涂一层黄油。

2 制作基底：将溶化的奶油、碎的消化饼干和黄砂糖混合。用勺子将混合物盛入饼模并压平。

3 制作内馅：在平底锅里倒入 5 厘米深的水并煮沸。再在平底锅里放一只隔热的搅拌碗，将巧克力弄碎放入碗中，并加入黄油和两勺开水搅拌，直至完全溶化。

4 把碗从锅里取出，倒入稀奶油、红糖和鸡蛋并迅速搅拌。

5 将混合物倒入盛有基底的饼模中，烤 1 小时 15 分钟直至顶部开始变脆。

6 等蛋糕冷却后再取出，别忘了在上面挤一层鲜奶油，那个滋味妙不可言。

如何进行一笔画

向朋友发出挑战，告诉他你能在不抬笔的情况下在纸上完整写出“100”这个数字。觉得不可思议吗？其实并不难，按照下图所示的步骤进行练习就可以了。

如何骑无鞍马

有没有想象过自己和电影中的牛仔一样，骑在没有马鞍的马背上，潇洒地消失于夕阳之下？在等好莱坞来敲门之前，你可以阅读下面的内容，学习如何骑无鞍马。

专业指导

请经验丰富、接受过专门培训的人员对你进行指导非常有必要。另外，你还要佩戴防护装备。下面的要点你必须记住：

- 挑选一匹背部宽大且马肩隆（马肩骨间的隆起部）较低的马。这样你在马背上会感觉舒服一些。
- 在尝试骑无鞍马之前，先练习在有马鞍无马镫的情况下骑马，为骑无鞍马做准备。
- 穿上护具，骑无鞍马真的会让你的屁股很痛！

骑无鞍马

1 踩着固定的台子上马，上马后及时坐稳。

2 坐稳后拉动缰绳出发，确保一路有专业人士为你进行指导。

3 在行进过程中，始终抬着头目视前方。不要往下看，这样可能会让你在马背上坐不稳。

4 将双腿放松，自然垂下，舒适地坐在马背上。不要总想着夹紧双腿，也不要用鞋跟挤压马的身体。

5 背部挺直，身体不要前倾或后仰，这样会影响双腿的位置。

6 如果你觉得自己要滑下来了，不要用腿夹住马的两侧，这只会让马加快速度前进。尽情驰骋吧，小牛仔！

如何跳霹雳舞

听好了，大家都赶紧动起来吧，锻炼健美的身材。跳霹雳舞需要大量的练习，更重要的是，你要有自信。掌握下面的步骤之后你就可以开始即兴表演了，创造专属于你的独门舞步。

1 将双手撑在地上，两手间距离略大于肩宽，双腿间距更宽一点。

2 抬起右手，将左脚放到刚才右手所在的地方。

3 接着，将右腿放到左腿后面，这样一来你的右脚就差不多位于你身体的正下方。

4 现在，将交叉的双腿分开，保持右腿的位置不变，将左腿伸出放在身体下方。

5 将身体重心转移到右臂（手上承受的重量越大，脚移动的速度越快）。保持左腿的位置不变，将右腿伸出，和左腿交叉，如左图所示。

6 保持右手位置不变，将左腿往回踏一步。这一动作需要多加练习才能做好。

7 接着，将右腿收回到其初始位置，将左手撑在地上。

8 重复上述 7 个步骤。

谨记： 在将这几个步骤熟记于心之前，不要一味追求速度。你很快就能不费力气将这些动作一气呵成，向你的朋友们展示你的舞技了！

如何绕绳下降

攀登者通常会使用绕绳下降的方式从悬崖、山坡或建筑物顶端下来，这一技巧被广泛应用于世界各地的营救活动、洞穴探险和军事活动中。学习下面的步骤能帮助你既安全又有型地完成绕绳下降。

谨记： 千万不要在没有成年人监护的情况下独自绕绳下降。你必须在安全措施到位的情况下找合格的指导人员帮助你完成这一动作。戴齐防护装置，即头盔和安全带。

热身活动

在开始之前先进行跑步热身。活动肌肉有助于你在接下来的活动中将腿伸得更远，并增强双手的抓握能力。

基本动作

在指导人员帮你系好安全带之后，会将一个“下降装置”通过一个圆环套在安全带中间（下降装置可以控制绳索的移动，让你自己掌握下降的节奏）。

当你准备下降的时候，背对着悬崖站在悬崖顶。将身体向后靠，双腿打开，你身上的绳索会防止你掉下去。起步的动作是最难的，需要时间练习。如果你觉得困难，可以先坐在悬崖边，再慢慢滑下去。

当你的双脚稳稳地踩在悬崖侧面时，往下跳一小步。一边跳，一边通过下降装置放开绳索，这样你就可以沿着悬崖下降一小段距离。

就这样一步一步慢慢下降，直到落地。

安全下降

- **仔细选择下一步落脚的地方。**每走一步都要仔细选择下一步在哪里落脚，所选择的地点应该比较平坦，没有任何遮挡视线的草木或松动的石块。
- **每一步都要走得稳当。**每走一步都要保持双腿和双脚稳定。
- **慢慢来，不着急。**真实下降的速度并不像电影里演得那样快。下降速度太快会导致绳索压力增大，或导致松动的岩石落下，造成危险。
- **动作谨慎。**下降的时候步伐要小，因为和较大的步伐相比，小步伐更加有效。你会有足够的时间思考下一步该怎么走，也会使你避免犯低级错误，出现滑落的危险。